高等院校室内与环境艺术设计实用规划教材

园林规划设计

徐静凤　丁　南　主　编
熊　星　叶海跃　副主编

清华大学出版社
北　京

内 容 简 介

本书根据高职教育的教学理念，按照岗位工作能力要求来组织编写内容，根据岗位需求共设七个项目，以真实案例为载体，涵盖常见园林绿地景观项目类型，主要包括：城市道路绿地景观规划设计、私家庭院景观规划设计、屋顶花园景观规划设计、滨水绿地景观规划设计、城市广场景观规划设计、居住区绿地景观规划设计和校园附属绿地景观规划设计。各个项目根据提出任务、分析任务、实训任务的顺序进行编写，每个项目后面都设有实训任务单，体现“学做合一”的高职人才培养模式。

本书既可作为高等职业技术学院环境艺术设计、风景园林设计、园林技术等专业的教材，也可作为成人教育园林相关专业的教材，或作为从事园林工作人员的参考书及自学用书。

图书在版编目(CIP)数据

园林规划设计 / 徐静凤，丁南主编. —北京：清华大学出版社，2018（2023.7重印）
(高等院校室内与环境艺术设计实用规划教材)
ISBN 978-7-302-50852-6

Ⅰ. ①园… Ⅱ. ①徐…②丁… Ⅲ. ①园林—规划—高等学校—教材 ②园林设计—高等学校—教材 Ⅳ. ①TU986

中国版本图书馆CIP数据核字(2018)第178615号

责任编辑：汤涌涛
封面设计：刘孝琼
责任校对：王明明
责任印制：丛怀宇
出版发行：清华大学出版社
网　址：http://www.tup.com.cn, http://www.wqbook.com
地　址：北京清华大学学研大厦A座　**邮　编**：100084
社 总 机：010-83470000　**邮　购**：010-62786544
投稿与读者服务：010-62776969, c-service@tup.tsinghua.edu.cn
质量反馈：010-62772015, zhiliang@tup.tsinghua.edu.cn
课件下载：http://www.tup.com.cn, 010-62791865
印 装 者：天津鑫丰华印务有限公司
经　销：全国新华书店
开　本：190mm × 260mm　**印　张**：15.25　**字　数**：290千字
版　次：2018年9月第1版　**印　次**：2023 年 7 月第 5 次印刷
定　价：58.00元

产品编号：080431-01

前　言

园林规划设计是一门实践性强、知识点跨度大的园林专业课程，是高职园林专业学习的重要内容和专业技能之一，对加强园林专业课程体系与教材建设、寻找园林景观设计的实践性教学方法具有重要意义。

近年来，我们一直在为高职学生寻找一本能够充分适合高职课程以及实战性强的园林规划设计教材。市面上大部分教材要么以传统章节为主体进行编写，不适合最新的教学理念；要么内容量偏大，大大超出园林规划设计课程的课时。前者由于教材的非项目制教学编写方式，造成教师在教学过程中不得不偏离教材进行教学；后者由于课程课时往往不够，学生不能充分地学习到最有效的知识。2011年，欣逢学校对本精品教材的肯定与支持，以及清华大学出版社的大力配合，我们开始信心满满地着手这本书的编写工作。在此，要特别感谢那些在背后为此书默默奉献的同仁们，感谢他们对本书出版所给予的帮助。

本书以适应高职学生的就业为出发点，删减了庞杂的章节目录，在保证学生必须掌握的知识点的基础上，利用大量的园林设计和项目实景图片启发学生的设计思维，把传统教材的各个章节打破，把园林专业学生在园林设计过程中最有可能遇到的典型工作任务概括为一个个实践性“项目”，让学生在学习过程中能够初步体会未来工作中的状态。

本书既可作为高等职业院校环境艺术设计、园林技术、风景园林设计专业的教材，也可作为成人教育园林相关专业的教材，或作为从事园林工作人员的参考书及自学用书。

本书由从事一线专业教学的“双师型”专业教师与行业企业专家组成的专业结构较为全面的教学与科研团队编写，各位编写老师都具有丰富的专业实践经验，共同参与了多轮教学。本书由徐静凤(江苏开放大学、江苏城市职业学院)、丁南任主编并负责全书统稿；熊星(江苏开放大学、江苏城市职业学院)、叶海跃(江苏开放大学、江苏城市职业学院)任副主编；衣学慧(杨凌职业技术学院) 任本书主审。此外，梁海英、陈曦、曾云英、万强、孟小华、马存琛、王克祥(正德职业技术学院)、李娟(杨凌职业技术学院)、徐雪云(江苏城市职业学院无锡办学点)、唐登明(盐城生物工程高等职业技术学校)等也参加了本书的编写，而且本教材还得到杭跃跃、王贤铭、米浩然、顾兆欣、陈江涛、唐春虹、张璇、浙江虹越花卉有限公司园艺师周丽琴等同仁不同程度的支持，在此一并表示感谢。

由于园林规划设计内容繁多，书中难免有不足之处，敬请广大读者批评指正。作者邮箱：1160149517@qq.com。

编　者

目　录

目录 Contents

项目一

城市道路绿地景观规划设计

学习目标

(1) 能够熟练掌握城市道路绿化设计的相关术语。

(2) 能够准确合理地选择城市道路绿化树种。

(3) 能够根据设计要求合理地进行人行道、分车带绿化设计。

(4) 能够根据设计要求合理地进行交叉口、交通岛绿化设计。

(5) 能够根据要求进行环城快速路、立交桥、高速公路的总体规划设计和节点设计。

(6) 能够按照要求规范地进行各类图样的绘制。

提出任务

图1-1所示为某城市道路的现状图，现要求根据城市道路绿化设计的相关知识，在充分满足功能要求、安全要求和景观要求的前提下按照图纸尺寸要求完成道路绿化设计。

图1-1 某城市道路的现状图

分析任务

通过对图1-1的认真分析，我们发现要完成这条道路的绿化设计，需要掌握道路绿地规划设计的方法和技能，这涉及人行道绿化带、分车带绿化以及中心转盘的设计原则和相关技巧。具体地讲，要解决以下五方面的问题。

(1) 如何选择合适的行道树种植形式？并且选择适宜的行道树树种。

(2) 如何根据周围环境确定人行道绿带的风格和形式？

(3) 选择何种分车带种植形式？并且选择适宜的分车带乔、灌、草、花品种。

(4) 选择何种人行道铺装样式？并且选择合适的铺装材料及尺寸。

(5) 选用何种转盘绿化形式？并且选择合适的乔、灌、草品种搭配。

根据业主和市民对城市道路景观的设计要求以及园林规划设计项目的常规程序，将该任务分解为以下几方面。

1．现场调查研究

(1) 基地现状调查：现场勘查测绘，调查气候、地形、土壤、水系、植被、建筑、管线。

(2) 环境条件调查：与业主交流，明确设计要求与目标，包括风格、特色、造价等。

(3) 设计条件调查：调查主要建筑平、立面图，现状树木位置图、地下管线图。

2．编制城市道路景观设计任务书

(1) 项目背景：介绍项目区位与定位。

(2) 项目规划设计范围：项目规划具体尺寸。

(3) 项目组织：按规划进度分成几个阶段完成。

(4) 规划设计的主要任务：总体要求、主要原则、主要功能。

(5) 规划设计成果：说明书、图纸。

3．城市道路景观总体规划设计

总体规划设计是指总平面图设计。总平面图包括：功能分区、园路、植物种植、硬质铺装、比例尺、指北针、图例、尺寸标注、文字标注等。

4．城市广场景观局部详细设计

(1) 剖立面图：按照比例表现地形、硬质景观(建筑物、构筑物)、植物(按最佳观赏期表现)。

(2) 局部节点详图：表达局部景观节点、亮点。

(3) 效果图：表达最佳规划设计理念与设计主题。

5．设计说明书

设计说明书应包含现状条件分析、规划原则、总体构思、总体布局、空间组织、景观特色要求、竖向规划、主要经济技术指标。

6．植物名录及材料统计

植物名录及材料统计是指本方案中使用或涉及的植物与材料图例、名称、规格、数量等。

7．工程概预算

工程概预算的项目清单计价包括材料费、人工费、机械台班费等。

8．文本制作

文本制作是指把以上项目成品资料进行统一整合成册，包括设计封面、扉页、封底、页眉、页脚、页码。

9．展板制作

根据展板制作要求对本项目的成品资料进行统一整合和排版。

10．项目汇报

制作项目汇报PPT。

知识储备

一、城市道路绿地的概念和功能

城市道路绿地主要是指街道绿地和穿过市区的公路、铁路、高速干道的防护绿带，它不仅可以给城市居民提供安全、舒适、优美的生活环境，而且在改善城市气候、保护环境卫生、丰富城市艺术形象、组织城市交通和产生社会经济效益方面有着积极的作用。按《城市绿地分类标准》的分类，道路绿地属于附属绿地，是指道路和广场用地内的绿地，包括道路绿带、交通岛绿地、广场绿地和停车场绿地等。

道路绿地对于城市道路而言有着不可或缺的功能。首先，道路绿地具备生态保护功能，具备遮阴、净化空气、降低噪声和调节改善道路环境小气候、保护路面、稳固路基的功能；其次，道路绿地具有交通辅助功能，具备防眩、美化环境、减轻视觉疲劳的作用，还具备标识和交通组织的作用，例如，图1-2所示的新加坡某道路绿地很好地分割了来往车道；再次，道路绿地还具备景观的组织功能，道路绿地植物和道路构成的景观能够衬托城市建筑，对周围环境进行空间分割和景观组织，以及遮蔽不良景观和进行临时装饰美化等，例如，图1-3所示的苏州工业园区道路绿化分割了道路和湖面的景观空间；最后，道路绿地还具备延续文脉的功能，尤其是表现城市地域文化特征、以乡土植物塑造个性城市的植物配置形象等，例如，图1-4所示的南京城内随处可见的高大悬铃木，就营造出了南京民国旧都的文化特质。

图1-2　新加坡某道路绿地

图1-3　苏州工业园区道路绿化景观空间[①]

图1-4　南京城内高大的悬铃木[②]

注：①图1-3来源于http://www.szharmony.com.

②图1-4来源于http://img3.house365.com.

二、城市道路的分类及绿地组成

1. 城市道路的分类

城市道路是城市的骨架，是交通的动脉，是城市结构布局的决定因素。城市规模、性质、发展状况不同，其道路也多种多样。根据道路在城市中的地位、交通特征和功能，城市道路可分为不同的类型。城市道路等级如图1-5所示。

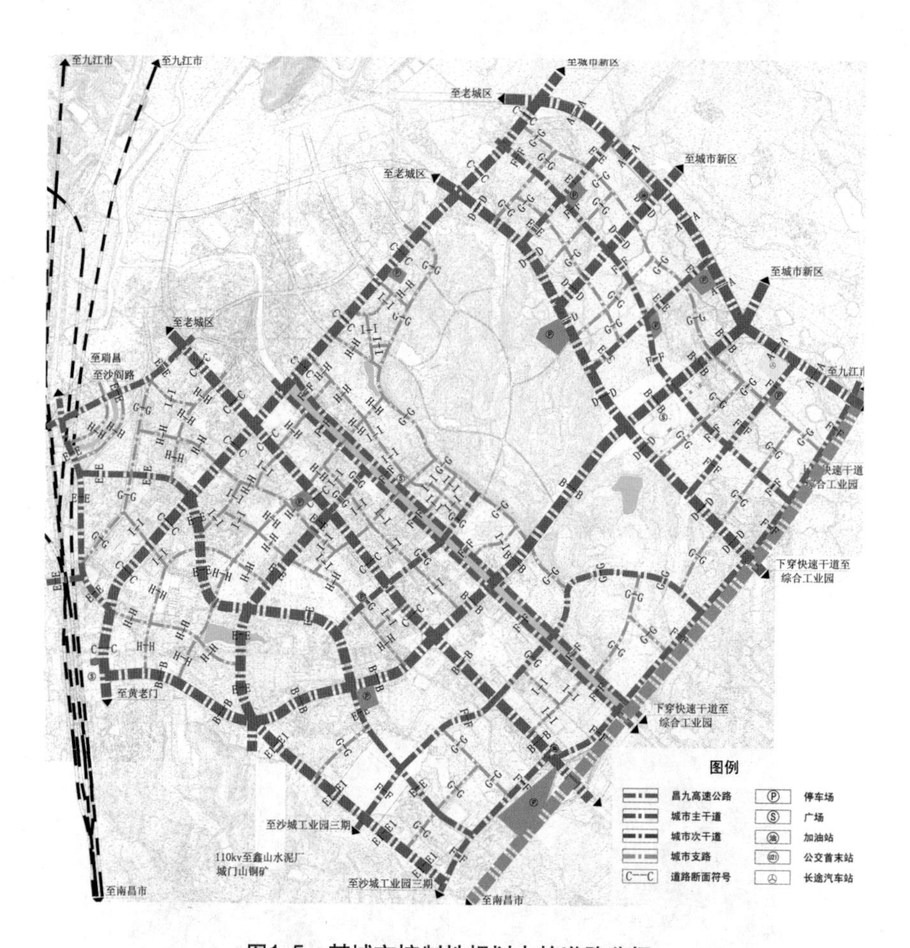

图1-5　某城市控制性规划中的道路分级

1）城市主干道

城市主干道又叫全市性干道，或者叫城市主要交通要道，是城市道路网的骨架。城市主干道主要用来联系重要的交通枢纽，如国道、省道等，重要的生产区、重要的公共场所，如集会中心、政党委机关、商业中心等，以及其他重要地点。其宽度并不是判断是否是城市主干道的标志，因为每个城市的容量不同，允许使用的面积也不同。但一般而言，城市主干道往往贯穿于整座城市，而且能作为一个城市的标

志性道路，要么是在城市的轴线上，要么就是城市环线，要么就是在主商业区或有明显特色的道路，如北京的长安街、深圳的深南大道（见图 1-6)、南京的中山路等。

图1-6　深圳城市主干道——深南大道①

2）城市次干道

城市次干道又叫区干道，是联系主要道路之间的辅助交通路线。次干道是城市的交通干路，以区域性交通功能为主，兼有服务功能，与主干路组成路网，广泛连接城市各区与集散主干路交通，如图1-7所示。

3）城市支路

城市支干道也称支路，又叫街坊道路，是各街坊之间的联系道路，一般线宽为12～15m，如图1-8所示。

图1-7　南京次干道——北京东路

图1-8　南京城东环境优美的城市支路

2. 城市道路绿地的用地组成

城市道路绿地主要由道路绿带和交通岛绿地组成。道路绿带又可分为分车绿

注：①图1-6来源于http://img.bbs.cnhubei.com.

带、行道树绿带、路侧绿带等；交通岛绿地又可分为中心岛绿地、导流岛绿地、安全岛绿地等，如图1-9所示。

1）道路绿带

道路绿带是指道路红线范围内的带状绿地。道路绿带分为分车绿带、行道树绿带和路侧绿带，如图1-10所示。

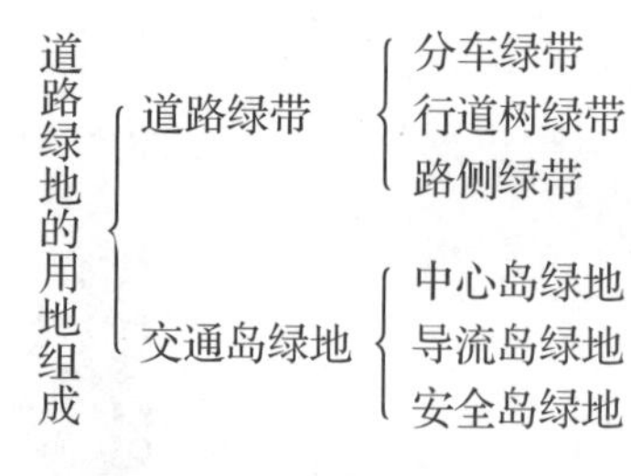

图1-9　道路绿地的用地组成

(1) 分车绿带。

分车绿带是指在车辆行驶的路面上设置的划分车辆运行路线的绿带。其位于上下行机动车道之间的为中间分车绿带，位于机动车道与非机动车道之间或同方向机动车道之间的为两侧分车绿带，如图1-11所示。

图1-10　鲜花构成的南昌道路绿带

图1-11　南昌新区道路分车绿带

(2) 行道树绿带。

行道树绿带是指布设在人行道与车行道之间，以种植行道树为主的绿带，如图1-12所示。

图1-12　南京的悬铃木行道树绿带

(3) 路侧绿带。

路侧绿带是指在道路侧方布设在人行道边缘至道路红线之间的绿带，又称步行道绿化带，是车行道与人行道之间的绿化带。较宽的绿带可种植乔木、灌木、绿篱等，进行多种绿化搭配，如图1-13所示。

2）交通岛绿地

交通岛绿地指的是为控制车辆行驶方向和保障行人安全，在车道之间设置的高出路面的岛状绿地，包括中心岛绿地、导流岛绿地、安全岛绿地等，如图1-14所示。

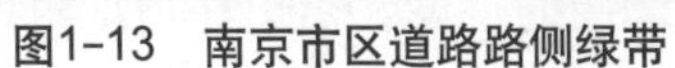

图1-13　南京市区道路路侧绿带

图1-14　南京市中心导流岛及中心岛[①]

3．城市道路相关专业术语

为了科学、合理地进行城市道路设计，优化城市道路布局，提供完全、高效、经济、舒适和低公害的交通条件与城市景观，国家对城市道路制定了设计规范《城市道路交通规划设计规范 GB50220—1995》，对城市道路专业术语进行了统一，如图1-15所示。

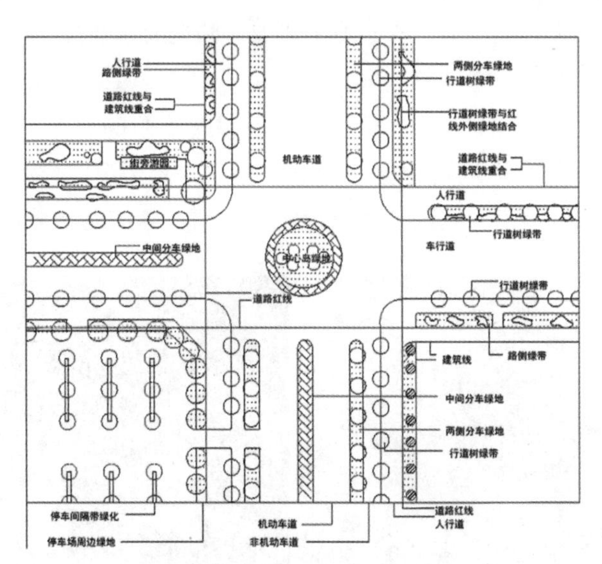

图1-15　道路绿地的专业术语

注：①图1-14来源于http://www.longhoo.net.

1）道路红线

道路红线一般为道路规划的界线。通常道路包括快车道、慢车道、花坛、人行道，而道路红线一般为人行道与其他建筑物的分界线。

2）建筑红线

建筑红线是指城市道路两侧控制沿街建筑物(如外墙、台阶等)靠临街面的界线，又称建筑控制线。一般建筑物的占地界限用实红线表示；二层以上有阳台的用虚红线表示，表示底层不占用地。

3）道路分级

道路分级是决定道路宽度和线性设计的主要指标，其主要依据是道路的位置、作用和性质。目前我国城市道路大都按三级划分，即城市主干道(全市性干道)、城市次干道(区域性干道)和城市支路(居住区或街坊道路)。

4）道路总宽度

道路总宽度也叫路幅宽度，即规划建筑红线之间的宽度，是道路用地范围，包括横断面各组成部分用地的总称。

5）道路绿地率

道路绿地率是指道路红线范围内各种绿带宽度之和占总宽度的百分比。

6）通透式配置

通透式配置是指绿地上配植的树木，在距离相邻机动车道路面高度0.9～3.0m之间的范围内，其树冠不遮挡驾驶员视线的配置方式。例如，图1-16所示的南昌新区在道路转弯处种植的小乔木，较好地避让了驾驶员的视线。

7）行道树

行道树是指有规律地种植在道路两侧，形成浓荫的乔木。行道树是街道绿化最基本的组成部分，沿道路种植一行或几行乔木是街道绿化最普遍的形式。例如，图1-17所示的杭州南山路高大的行道树营造出优美的园林城市景观。

图1-16　不影响驾驶员视线的通透式配置绿带

图1-17　杭州南山路高大的行道树

三、城市道路的断面布置形式

道路绿化的断面形式与道路的断面布置形式密切相关，完整的道路是由机动车道(快车道)、非机动车道(慢车道)、分隔带(分车带)、人行道及街旁绿地五部分组成。常用的有一板二带式、二板三带式、三板四带式、四板五带式及其他形式。

1．一板二带式

一板二带式由一条车行道、两条绿化带组成，这种形式最为常见，即在车行道两侧人行道分隔线上种植行道树。此法操作简单、用地经济、管理方便，但当车行道过宽时行道树的遮阴效果较差，不利于机动车辆与非机动车辆混合行驶时的交通管理，如图1-18和图1-19所示。

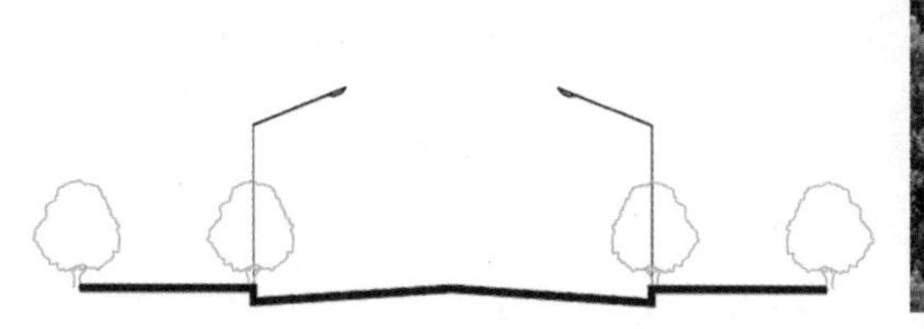

图1-18　一板二带式剖面图

图1-19　一板二带式城市道路

2．二板三带式

二板三带式可将车辆的上下行分开，中间和两边共三条绿化带，在分隔单向行驶的两条车行道中间绿化，并在道路两侧布置行道树。这种形式的道路布置适于宽阔的道路，绿带数量较大、生态效益较显著，多用于高速公路和城市道路绿化，如图1-20和图1-21所示。

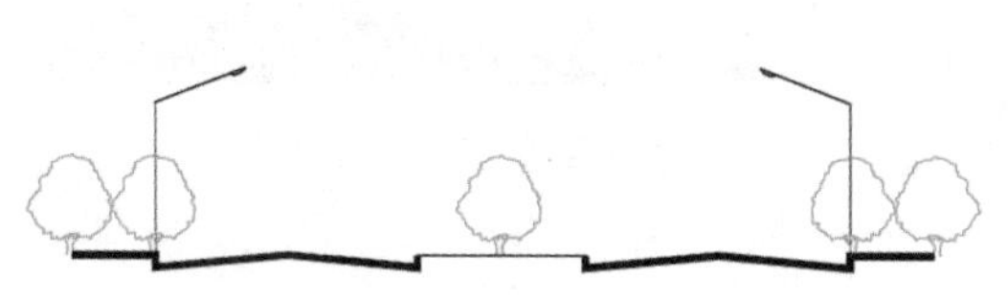

图1-20　二板三带式剖面图

图1-21　二板三带式城市道路①

注：①图1-21来源于http://tv.sznews.com.

3．三板四带式

三板四带式是利用两条分隔带把车行道分成三块，中间为机动车道，两侧为非机动车道，连同车道两侧的行道树共有四条绿带。此法虽然占地面积较大，但其绿化量大，夏季遮阴效果好，组织交通方便，安全可靠，解决了各种车辆混合行驶互相干扰的矛盾，如图1-22和图1-23所示。

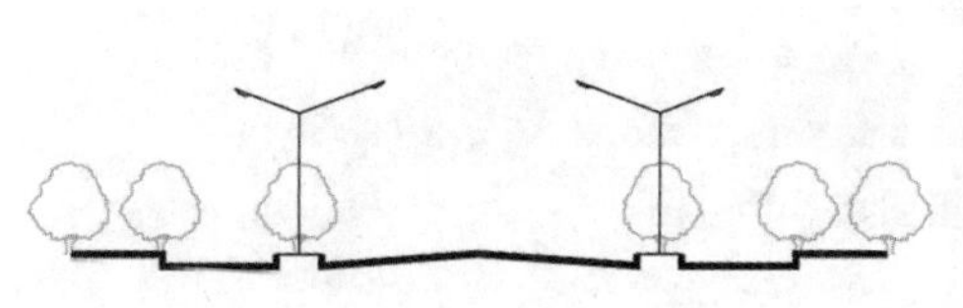

图1-22　三板四带式剖面图

图1-23　三板四带式城市道路

4．四板五带式

四板五带式是利用三条分隔带将车道分为四条，连同车道两侧的行道树共五条绿化带，一般为城市主干道或景观大道，其绿化带分隔道路以便各种车辆上行、下行互不干扰，有利于限定车速和交通安全，如图1-24和图1-25所示。

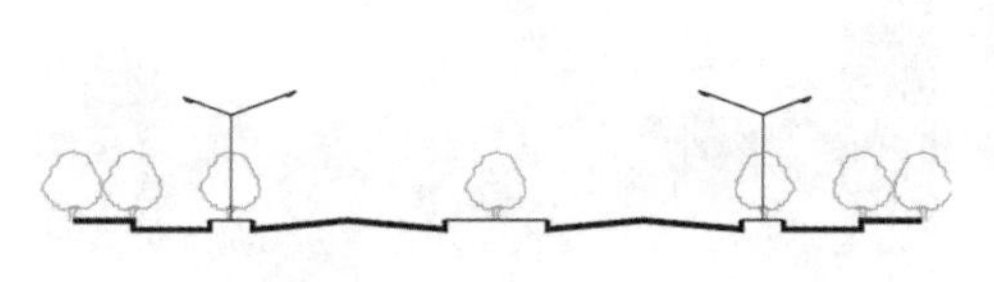

图1-24　四板五带式剖面图

图1-25　四板五带式城市道路

5．其他形式

随着城市建设的发展，街道的横断面形式也发展变化着，街道绿化的断面形式取决于街道的断面形式，但其平面布置形式就要依街道绿带的宽度而定了，即要根据实际情况因地制宜地进行绿化，绿带窄的只可种一至两行行道树，绿带宽的可以布置成花园林荫道的形式。

四、城市道路绿地规划的设计原则

道路绿化设计应统筹考虑道路的外部、自身和人文等因素，应该考虑所属地域、自然及建筑环境、道路剖面、长度和行车速度以及道路在城市中的地位作用等因素进行绿化布置和设计，并遵循以下设计原则，如图1-26所示。

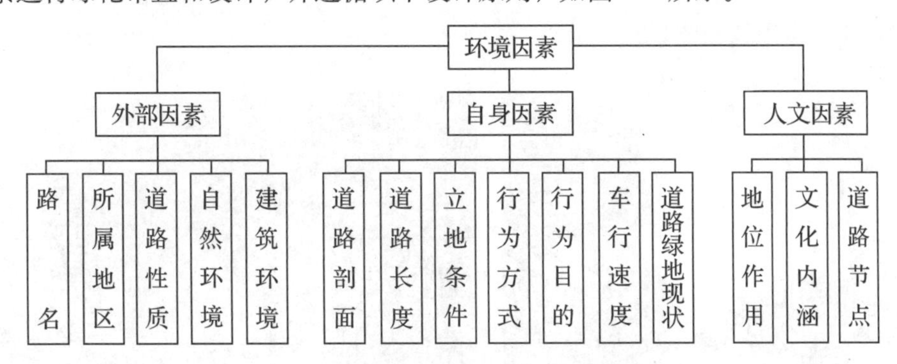

图1-26　道路绿地景观规划设计图

1. 明确功能

道路的功能是道路绿地设计的依据，可划分为交通功能和空间功能两种。交通功能是指道路能让人安全、迅速、舒适地到达目的地；空间功能，即为工程管线等公共设施提供空间的同时，保障道路两侧建筑良好的采光通风，并为人们提供交流、休憩、散步的公共空间。例如，上海世博会道路绿地中分布着大量的休憩空间，为行人提供了良好的活动和休闲空间，如图1-27所示。

图1-27　上海世博会道路绿地的公共休憩空间

2. 适地适树

道路植物生长的立地条件较严酷，土壤干旱、贫瘠、板结，环境污染相对严重(粉尘、有害气体、噪声)，人为损害较频繁，生长受地上地下管线制约，车辆行驶频繁，因此应选择适应性强、生长强健、管理粗放的植物，如图1-28所示。

在进行植物配置时，要注意乔灌草、乔灌花的结合，分割竖向的空间，创造植物群落美。植物配置讲究层次美、季相美，从而起到最佳的降温遮阴、滞尘减噪、净化空气、防风、防火、防沙、防雪、防灾、抗震、美化环境等城市其他硬质材料无法替代的作用，如图1-29所示。

图1-28 选用抗性好的夹竹桃作为路侧行道树

图1-29 乔、灌、草结合的城市道路绿地

3. 营造特色

植物景观与街景相结合，形成优美的城市景观。绿化设计要讲究艺术性，要符合大众的审美趣味，要使街景园林化、艺术化。例如，南昌市国体中心运动场馆周围的道路绿化，把体育元素和植物元素结合起来营造出具有特色的道路绿化景观，如图1-30所示。

图1-30 南昌国体中心场馆具备运动特色的道路绿化

在植物配置上，要选择适宜的植物，创造丰富多彩的植物景观特色，注意植物种类的搭配应用，不同路段的植物种类和绿化形式要有所变化。例如，深圳深南大道在不同的路段上设计了不同形式的道路绿化，使大道景观富有层次和特色，如图1-31所示。

图1-31　深圳深南大道某标段景观①

4．保障安全

保障安全是指道路植物景观的营造不得妨碍交通、建筑及管线设施的安全运行，不得遮挡交通标志和行车视线。例如，南昌新区在道路的转弯处使用通透式栽植，让司机获得较好的视线，如图1-32所示。行道树定干高度应符合规范，衬托建筑，但不得妨碍建筑的功能，与地上地下管线也要保持足够的间距。

图1-32　南昌新区道路绿地的通透式栽植

5．协调关系

在绿化设计时要适应人的行为习惯与审美习惯，要充分考虑行车速度和视觉特点，将路线作为视觉线设计的对象，提高视觉质量，防止眩光。道路绿化带应采

注：①图1-31来源于http://tv.sznews.com.

用大手笔、大色块手法，栽种观叶、观花、观果植物，并适应不同的车速。例如，南昌市郊区公路采用大色块的模纹花带，以缓解高速行驶的司机的视觉疲劳，如图1-33所示。在道路绿地的空间上，多采用多层次种植，平面上简洁有序，线条流畅；滨河道路、景观道路等路线立地条件较好，宜采用群落式种植，体现植物生长的多样性和植物的层次与季相变化。例如，新加坡道路路侧绿化采用了富有热带特色的乔、灌、草，营造出丰富的绿化层次，如图1-34所示。

图1-33　南昌市郊区公路大色块的模纹花带

图1-34　新加坡某道路路侧采用的富有热带特色的乔、灌、草

五、道路绿地种植设计

道路绿地种植设计是一门综合艺术，种植配置设计得当，不仅给人以愉快的美感，同时也能提升一个城市的文化品位。所以，在实际应用中要综合考虑城市道路的环境特点，立地条件，规划设计要求以及植物的形态、色彩、风韵等多方面的因素，精心组织，合理配置，才能充分发挥植物的生态和观赏效果，创造多姿多彩、内容丰富的城市道路绿化景观。例如，上海浦东新区使用以草、花为主的道路植物景观，体现出新区所应有的现代感，如图1-35所示。

图1-35　上海浦东新区以草、花为主的道路景观

（一）城市道路绿地在种植设计上的原则

城市道路绿地在种植设计上应采用以下设计原则。

(1) 适地适树，因地制宜。

(2) 地带性植物与引进植物相结合。

(3) 近期效果与长期效益相结合。

(4) 生态效益与经济效益相结合。

(二) 城市道路绿地的植物选择

1. 乔木

1) 乔木的选择

乔木在街道绿化中主要用作行道树。其作用主要是夏季为行人遮阴、美化街景，因此选择品种主要从以下几方面着手。

应选取株形整齐，观赏价值较高(或花型、叶型、果实奇特，或花色鲜艳、花期长)的，最好是树叶秋季变色，冬季可观树形、赏枝干；生命力强健，病虫害少，便于管理，管理费用低，花、果、枝叶无不良气味；树木发芽早、落叶晚，适合在本地区正常生长，晚秋落叶期在短时间内树叶即能落光，便于集中清扫。例如，南京市北京东路采用色叶树种银杏作为行道树，秋天叶色变黄后具备良好的景观特质，如图1-36所示。行道树树冠整齐，分枝点足够高，主枝伸张，角度与地面不小于30度，叶片紧密，有浓荫；繁殖容易，移植后易成活和恢复生长，适宜大树移植；有一定的耐污染、抗烟尘的能力；树木寿命较长，生长速度不太缓慢。

图1-36　南京市北京东路银杏行道树景观

2) 乔木的定干高度

乔木的定干高度应视其功能要求，交通状况道路的性质、宽度，行道树距车行道的距离，树木分枝角度而定。一般胸径以12～15cm为宜，快长树不得小于5cm，慢长树不宜小于8cm。树干分枝角度大的，定干高度不能小于3.5m；分枝角度小的，定干高度不能小于2m，否则影响交通。

行道树绿带种植应以行道树为主，并宜与乔木、灌木、地被植物相结合，形成连续的绿带，如图1-37所示。如采用树池式种植方式，树池里宜覆盖池箅子，如图1-38所示。

图1-37　南京城区以乔木为主的行道树绿带种植

图1-38　南京城区树池式行道树栽植覆盖池箅子

3）株距

行道树定植株距应以其树种壮年期冠幅为准，最小种植株距应为4m。行道树树干中心至路缘石外侧最小距离宜为0.75m。如果在道路交叉口视距三角形范围内，行道树绿带应采用通透式配置，如图1-39所示。

图1-39　上海城区道路转弯处通透式配置的乔木

2．灌木

灌木多应用于分车带或人行道绿带，可遮挡视线、减弱噪声等，如图1-40所示，选择灌木时应注意以下几方面。

(a) 南京黄山路分车带绿化

(b) 南京市立公路分车带绿化

图1-40　南京河西新城以灌木为主的分车带绿化

(1) 枝叶丰满，株形完美，花期长，花多而显露，防止过多地萌生孽枝，过长则妨碍交通。

(2) 植株无刺或少刺，叶色有变，耐修剪，在一定的年限内人工修剪可控制它的树形和高矮。

(3) 繁殖容易，易于管理，能耐灰尘和路面辐射。

3. 地被植物

根据气候、温度、湿度、土壤等条件选择适宜的草坪草种至关重要，低矮花、灌木均可作为地被植物。例如，南昌新区在道路绿化中选用绣线莲和孔雀草等植物作为地被植物，如图1-41所示。

图1-41　南昌新区以地被植物为主的道路绿化

露地草本花卉的选择一般以宿根花卉为主，与乔、灌、草搭配，合理配置，一两年生草本花卉只在重点部位点缀。

(三) 路侧绿带的种植设计

路侧绿带是人行道与建筑之间的绿化带，具有隔音、防止道路灰尘的作用，在设计上应注意以下问题。

(1) 根据人行道绿化带的宽度决定植物的配置形式，如图1-42所示。

图1-42　较宽路侧绿带的丰富绿化配置

(2) 路侧绿化带要兼顾到街景和沿街建筑的需要，注意从整体上保持绿带的连续和景观的统一。

(3) 绿化带栽植形式可分为规则式、自然式(见图1-43)、混合式。

(4) 设计时应注意四季景观效果和季相变化，如图1-44所示。

图1-43 厦门城市道路路侧的自然式栽植 图1-44 南京市北京东路路侧绿化：银杏树的秋季景观

(四) 行道树的种植设计

行道树有树带式和树池式两种种植方式。

1. 树带式

在人行道和车行道之间留出一条不加铺装的种植带，种植一行大乔木和树篱；如宽度适宜则可分别植两行或多行乔木与树篱，在交通量、人流量不大的路段宜采用这种方式。种植带下铺设草皮，以维护清洁，但要留出铺装过道，以便人流通行或汽车停站，如图1-45所示。

2. 树池式

在交通量较大、行人多而人行道又窄的路段，设计正方形、长方形或圆形空地，种植花草树木，形成池式绿地，如有需要，树池还可以增加防护栏，如图1-46所示。

图1-45 丹麦哥本哈根某道路路侧树带式栽植 图1-46 芬兰赫尔辛基某道路路侧树池式栽植

3. 行道树的种植原则

行道树种植点距道牙的距离取决于两个条件，一是行道树与管线的关系，二是人行道铺装材料的尺寸。选择行道树树种的一般标准为：树冠冠幅大、枝叶密；

抗性强(耐贫瘠土壤、耐寒、耐旱)；寿命长；深根性；病虫害少；耐修剪；落果少或者没有飞絮；发芽早，落叶晚，能体现出浓郁的地方特色和道路特征。目前行道树的配植已逐渐注意乔、灌、草相结合，常绿与落叶、速生与慢长相结合，乔、灌木与地被植物、草皮相结合，适当点缀花草，构成多层次的复合结构，如图1-47所示。

图1-47　南京市区乔、灌、草结合的道路绿化

（五）分车绿带设计

对于车行道之间可以绿化的分隔带，其位于上下行机动车道之间的为中间分车绿带；位于机动车道与非机动车道之间或同方向机动车道之间的为两侧分车绿带。

(1) 分车绿带的植物配置应形式简洁，树形整齐，排列一致。乔木树干中心至机动车道路缘石外侧的距离不宜小于0.75m，如图1-48所示。

(2) 中央分车绿带应具备一定的高度，并能阻挡相向行驶车辆的眩光，如图1-49所示。且在距相邻机动车道路面高度0.6～1.5m的范围内，配置植物的树冠应常年枝叶茂密，其株距不得大于冠幅的5倍。

图1-48　南京新区分车绿带整齐的植物配置

图1-49　南京新区具备一定高度的中央分车带

(3) 两侧分车绿带应以种植乔木为主，并宜乔木、灌木、地被植物相结合，且保持视线的通透。分车绿带宽度小于1.5m的，应以种植灌木为主，并应灌木、地被植物相结合。例如，南京新区宽度小于1.5m的分车绿带采用灌木和地被植物为主的植物配置，较好地保持了道路视线的通透，如图1-50所示。

图1-50　南京新区较窄的侧边分车绿带

(4) 为了保证行车安全，被人行横道或道路出入口断开的分车绿带，其端部应采取通透式配置。

(六) 交叉路口、交通岛、导向岛绿地种植设计

为保证行车安全，在进入道路交叉口时，必须在路的转角处留出一定的距离，使司机在这段距离内能够看到对面开来的车辆，并有充分的刹车时间和停车时间而不发生撞车，这种从发觉对方汽车立即刹车而刚够停车的距离称为安全视距。

1. 交叉路口绿地种植设计

(1) 中心岛绿地应保持各路口之间的行车视线通透，宜布置成装饰绿地。例如大连中山广场中心绿岛以通透配置的乔木和草坪为主，保持了行车的视线，如图1-51所示。

(2) 立体交叉绿岛应种植草坪等地被植物，草坪上可点缀树丛、孤植树和花灌木，以形成疏朗开阔的绿化效果。立交桥下宜种植耐阴地被植物；墙面宜进行垂直绿化，如图1-52所示。

图1-51　大连中山广场中心绿岛①

图1-52　上海立交桥下的垂直绿化

2. 交通岛、安全岛、导向岛绿地的种植设计

为了保证交通岛、安全岛以及导向岛的行人、行车安全，在植物配置过程中，应该选用通透型的乔木(见图1-53)以及低矮的灌木和地被植物。如图1-54所示的安全岛采用低矮灌木配置避免了视线的遮挡。汽车通过导向岛绿地的车速往往

注：①图1-51来源于http://chinaneast.xinhuanet.com.

高于通过安全岛的车速，所以在导向岛种植设计时，更需保证行车视线的通透。如图1-55所示的道路导向岛中采用大面积草坪与模纹地被植物的配置，较好地避免了汽车转弯时的视线遮挡。

图1-53　南京河西新区采用通透乔木配置的安全岛

图1-54　采用低矮灌木配置的安全岛设计

图1-55　采用模纹地被植物和大面积草坪的导向岛

六、城市道路人行道铺装设计

人行道是城市道路步行者的通道，与人群关系密切，在美观与功能上都有更高的要求。人行道铺装的基本要求是希望能够提供有一定强度、耐磨、防滑、舒适、美观的路面，需要给行人制造方向感与方位感，有明确的边界，有合适的色彩、尺度与质感，色彩还要考虑当地气候与周围环境。

人行道设置于车行道两侧时，不同等级的道路还会对其功能、景观设计和铺装材料提出不同的要求，具体可分为快速路与主干道等交通性道路的人行道和次干道与支路等生活性道路的人行道两类。

1．交通性道路人行道的铺装

交通性道路是以满足交通运输为主要功能的道路，承担城市主要的交通流量及对外交通的联系。其特点为车速高、车辆多、车行道宽、道路成形要符合快速行车的要求，道路两旁要求避免布置吸引大量人流的公共建筑及设施等。

这类道路的人行道上行人数量较少，街道景观的观赏者主要在行进的车辆中，所以人行道铺装的构形一般较简洁，色彩不宜太复杂，以便适应快速行进的观赏者。这类人行道的铺装材料一般选择砌块类材料铺设，留有较大的拼缝间距，以产生较大的尺度感。例如，北京西单繁华商业街区采用的大尺度花岗石人行道铺装，利用大尺度的重复构图，让铺装具有节奏感，使人产生快走的感觉，如图1-56所示。

2．生活性道路人行道的铺装

生活性道路是以满足城市生活性交通要求为主要功能的道路，主要为城市居民购物、社交、游憩等活动服务，以步行和自行车交通为主，机动车辆交通较少。

这类道路是居民日常生活的主要场所，是人流最集中的地区，也是人们停留时间最长的街道空间，因此应该选择具备非常好的防滑性、透水性和弹性的铺装材料，为人们提供一种方便行走、不宜滑倒和摔绊、不宜疲劳的舒适路面。这类道路一般采用混凝土砌块砖、花岗岩、青石板、砖砌块等砌块类铺装材料，应避免使用釉面砖、镜面花岗岩等防滑性能较差的铺装材料。如图1-57所示的新加坡小街区采用的混凝土砖铺装，暖色调和小尺度的拼接使路人倍感亲切。

图1-56　北京西单大尺度人行道铺装

图1-57　新加坡小街区小尺度人行道铺装

知识拓展

一、城市环城快速路种植设计

城市环城快速路种植设计可以通过绿地连续性种植或树木高度位置的变化来预示或预告道路线形的变化，引导司机安全操作；根据树木的间距、高度与司机视线高度、前大灯照射角度的关系种植，使道路亮度逐渐变化，防止眩光；种植宽、厚的低矮树丛作缓冲，以免车体和驾驶员受到重大的损伤，并且防止行人穿越。如图1-58所示的深圳快速路的植物分隔带配置，一定高度的植物很好地隔断了对面车辆的干扰。

快速公路以及一般公路的立体交叉绿地要服从交通功能，保证司机有足够的安全视距。出入口有作为指示性的种植，转弯处种植成行的乔木，以指引行车方向，使司机有安全感。在匝道和主次干道汇合的顺行交叉处，不宜种植遮挡视线的树木。如图1−59所示的南昌郊区快速路，以草、花为主的绿化保证了司机的视距要求。

图1-58　深圳快速路的植物分隔带

图1-59　南昌郊区快速路道路绿化

二、城市道路立交桥绿化设计

道路立体交叉的形式有两种，即简单式立体交叉和复杂式立体交叉。简单式立体交叉又称分立式立体交叉，纵横两条道路在交叉点相互不通，这种立体交叉不能形成专门的绿化地段，其绿化与街道绿化相似。复杂式立体交叉又称互通式立体交叉，两个不同单面的车流可通过匝道连通。

立交桥头绿地的设计要点如下。

(1) 绿化设计首先要满足交通功能的需要。

(2) 在绿地面积较大的绿岛上，宜种植较开阔的草皮，再点缀些常绿树或花灌木及宿根花卉，如图1-60所示。

图1-60　以草坪为主的立交桥绿化

(3) 立体交叉绿岛因处于不同高度的主、干道之间，常常形成较大的坡度，应设挡土墙减缓绿地的坡度，一般坡度以不超过5%为宜，较大的绿岛内还需考虑安装喷灌系统。

(4) 立体交叉外围绿化树种的选择和种植方式，要和道路伸展方向的绿化结合起来考虑。

三、高速公路绿化设计

良好的高速公路植物配置可以减轻驾驶员的疲劳，丰富的植物景观也为旅客带来了轻松愉快的旅途经历。高速公路的绿化由中央隔离带绿化、互通绿化和边坡绿化组成。

中央隔离带内一般不成行种植乔木，以避免投影到车道上的树影干扰司机的视线，树冠太大的树种也不宜选用。隔离带内可种植修剪整齐、具有丰富视觉韵律感的大色块模纹绿带，绿带中选择的植物品种不宜过多，色彩搭配不宜过艳，重复频率不宜太高，节奏感也不宜太强，一般可以根据分隔带的宽度每隔30～70m距离重复一段，色块灌木品种选用3～6种，中间可以间植多种形态的开花植物或常绿植物使景观富于变化，如图1-61所示。

互通绿化位于高速公路的交叉口，最容易成为人们视觉上的焦点，其绿化形式主要有两种。一种是大型的模纹图案，花灌木根据不同的线条造型种植，形成大气、简洁的植物景观，如图1-62所示的以大型模纹图案为主的互通高速绿化。另一种是苗圃景观模式，人工植物群落按乔、灌、草的形式种植，密度相对较高，在发挥其生态和景观功能的同时，还兼顾了经济功能，为城市绿化发展所需的苗木提供了有力的保障。

边坡绿化的主要目的是固土护坡、防止冲刷，其植物配置应尽量不破坏自然地形

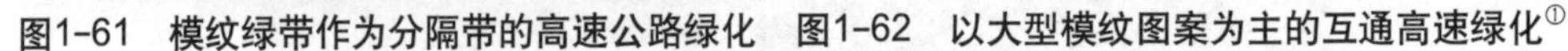

图1-61　模纹绿带作为分隔带的高速公路绿化　图1-62　以大型模纹图案为主的互通高速绿化[①]

注：①图1-62来源于http://www.moc.gov.cn.

地貌和植被，应选择根系发达、易成活、便于管理兼顾景观效果的树种，如图1-63所示采用根系发达、抗性较强的佛甲草和云南黄馨等植物配置的边坡绿化。

高速公路的种植方式主要有以下几种。

1．视线诱导种植

视线诱导种植是指通过绿地种植来预示或预告线形的变化，以引导驾驶员安全操作，提高快速交通下的安全。这种诱导表现在平面上的曲线转弯方向、纵断面上的线形变化等，因此这种种植要有连续性才能反映线形变化，同时树木也应有适宜的高度和位置等要求才能起到提示作用。如图1-64所示的某高速公路采用连续的灌木种植引导了行车视线。

图1-63　某高速公路边坡绿化①

图1-64　某高速公路视线诱导种植②

2．遮光种植

遮光种植也称防眩种植。因车辆在夜间行驶时常由对向灯光引起眩光，在高速道路上，由于对向行驶速度高，这种眩光往往容易引起司机视觉污染，影响行车安全，因而采用遮光种植的间距、高度与司机视线高和前大灯的照射角度有关。树高可根据司机的视线高度决定。

3．适应明暗的种植

当汽车进入隧道时明暗急剧变化，眼睛瞬间不能适应，看不清前方。一般在隧道入口处种植高大树木，以使侧方光线形成明暗的参差阴影，使亮度逐渐变化，以缩短司机的适应时间，如图1-65所示某隧道入口设置高大乔木进行的遮光种植。

注：①图1-63来源于http://bdshanshui.com.

②图1-64来源于http://www.hunanjs.gov.cn.

图1-65 某隧道入口的遮光种植

4. 缓冲种植

目前路边防护设有路栅与防护墙，但往往在发生冲击时，车体与司机均受到很大的损伤，如采用有弹性的、具有一定强度的防护设施，同时种植又宽又厚的低矮树群时，可以起到缓冲的效果，以免车体和驾驶者受到大的损伤，如图1-66所示。

图1-66 利用坡地绿化的缓冲种植

5. 其他种植

高速公路其他的种植形式有为了防止危险而禁止出入穿越的种植，有坡面防护的种植，有遮挡路边不雅景观的背景种植，有防噪声种植，有为点缀路边风景的修景种植等形式。上述高速公路的绿地设计，充分考虑到现代交通条件下快速交通对绿地的要求，以及绿地与高速公路景观的协调等因素，其同样也适用于以汽车为主要交通工具的城市交通干道的绿地设计。

案例展示

图1-67所示为某城市道路绿地设计案例。

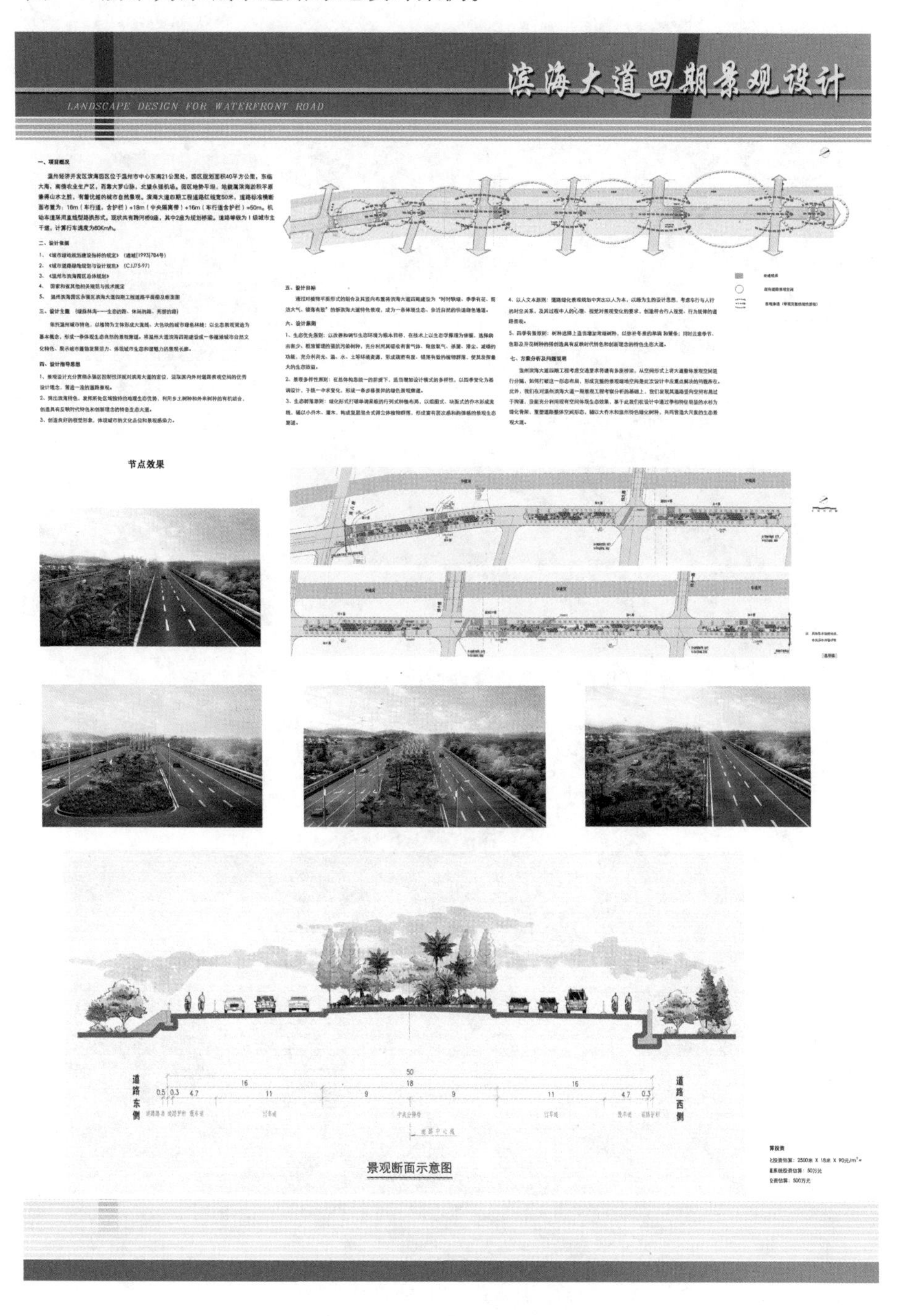

图1-67　某城市道路绿地设计案例

学生作品

图1-68和图1-69所示为城市道路绿地设计的学生作品。

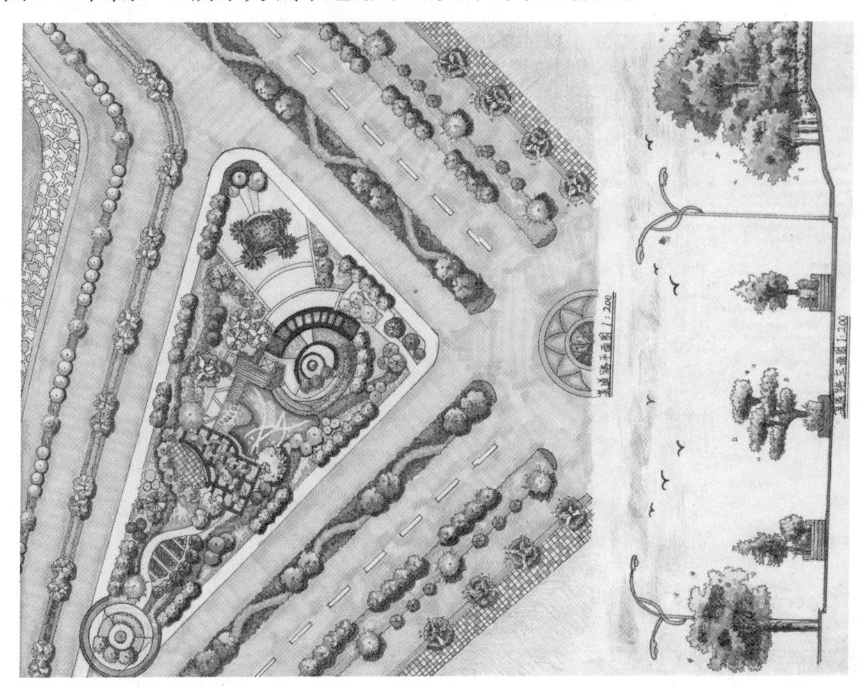

图1-68　城市道路绿地设计（作者：吴运琪）

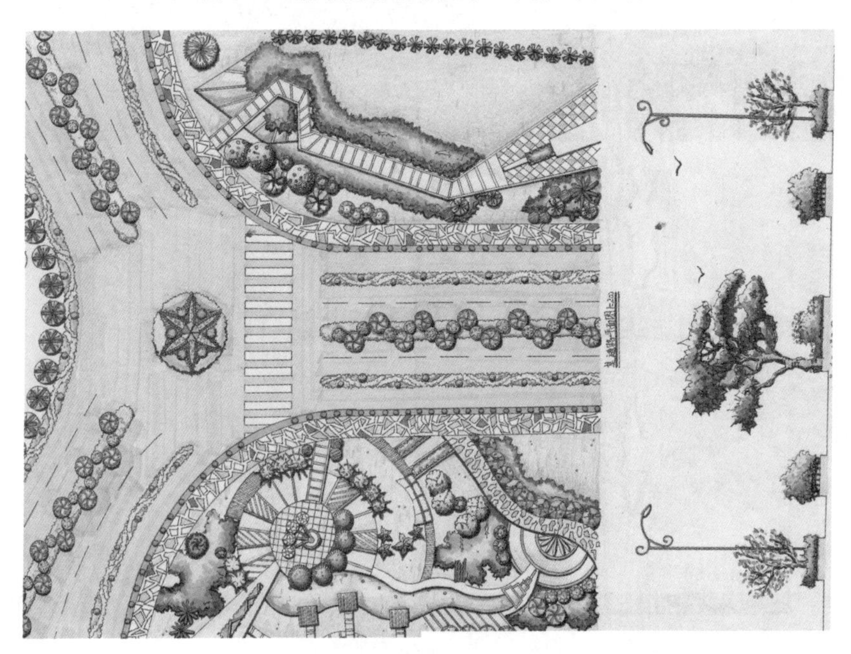

图1-69　城市道路绿地设计（作者：张佳悦）

项目设计依据

城市道路绿地项目设计一般有以下依据。

（1）《中华人民共和国绿化条例》（国务院第 100 号令 1992.10）。

（2）《城市道路绿化规划与设计规范》（CJJ75–1997）。

（3）《城市绿地设计规范》（GB50420–2009）。

实训任务

1．实训任务单

《城市道路绿地景观设计》实训任务单

班级：________________　指导教师：________________

姓名：________________　学号：________________

<table>
<tr><td>实训名称</td><td colspan="2">某城市道路绿地景观设计</td><td>实训时间</td><td></td></tr>
<tr><td>参与成员</td><td colspan="2"></td><td>实训场地</td><td></td></tr>
<tr><td rowspan="2">实训
目标</td><td colspan="4">能力目标：
（1）能够合理地进行道路绿化树种的选择。
（2）能够根据设计要求合理地进行城市道路绿化设计。
（3）掌握立交桥绿地的特点。
（4）能够根据设计要求合理地进行环城快速路绿地绿化设计。
（5）掌握高速公路绿化设计的方法</td></tr>
<tr><td colspan="4">知识目标：
（1）城市道路绿化树种选择的原则。
（2）城市道路绿地的种植类型。
（3）人行道、分车带绿化设计。
（4）交叉路口、交通岛绿化设计。
（5）节奏与韵律在道路绿化设计中的应用。
（6）园林植物规则式种植设计</td></tr>
</table>

续表

实训步骤	(1) 调查当地的土壤、地质条件，了解适宜树种选择范围。 (2) 对比当地其他道路绿地设计方案，不得雷同与仿造。 (3) 测量路面各组成要素的实际宽度及长度并绘制平面状况图。 (4) 构思设计总体方案及种植形式，完成初步设计(草图)。 (5) 绘制设计图纸，包括立面图、平面图、剖面图及图例等
实训要求	(1) 总体规划意图明显，符合道路绿地性质、功能要求，布局合理，亲水性强，集实用观赏与生态功能为一体，自成系统。 (2) 种植设计树种选择正确，能因地制宜地运用种植类型，符合构图要求，造景手法丰富，能与道路、地形地貌、建筑结合，空间效果较好，层次、色彩丰富。 (3) 图面表现能力强，设计图种类齐全，设计深度能满足施工的需要，线条流畅，构图合理，清洁美观，图例、文字标注、图幅符合制图规范。 (4) 设计说明书语言流畅，言简意赅，能准确地对图纸进行补充说明，体现设计意图。 (5) 方案绿化材料统计基本准确，有一定的可行性。 (6) 制作文本和项目汇报 PPT
实训内容	某城市道路的现状图如下所示。现要求根据城市道路绿化设计的相关知识，在需要充分满足功能要求、安全要求和景观要求的前提下，按照图纸尺寸要求完成设计 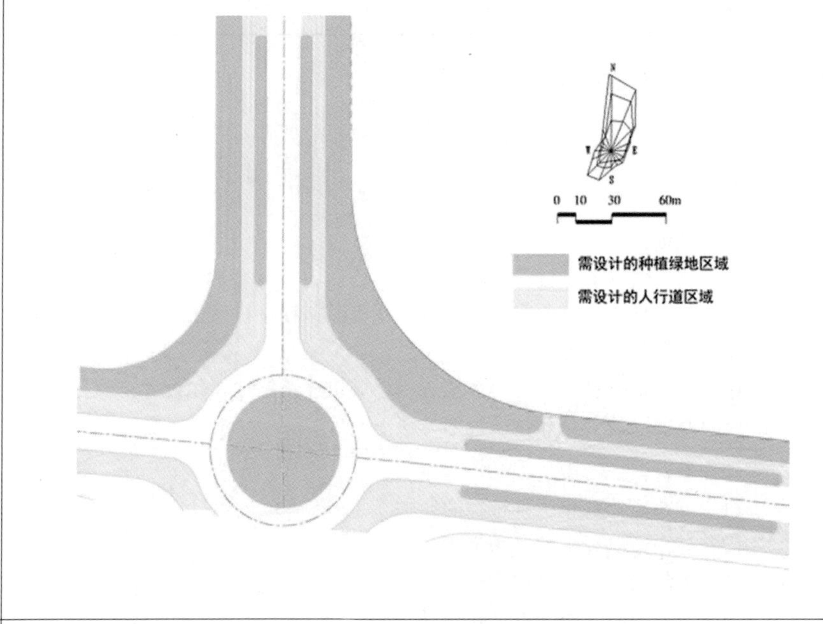
实训成果	(1) 总体规划图：比例1∶200左右，根据道路面积确定图幅，并标注尺寸。 (2) 种植设计图：比例、图幅同总体规划图。 (3) 道路铺装设计图。 (4) 道路断面图。 (5) 彩色整体及局部的效果图。 (6) 设计说明

续表

PPT汇报 自评	
小组 互评	
教师 总评	

2．评分标准

序号	考核内容	分值	得分
1	道路绿地功能分区图、总平面图	20	
2	道路绿地局部节点详图、剖立面图	20	
3	道路绿地植物种植图、硬质景观及铺装配置图	15	
4	道路绿地鸟瞰图或局部效果图	15	
5	道路绿地设计说明、植物名录及材料统计	10	
6	文本制作或展板设计（规范性、完整性、美观性）	10	
7	PPT汇报、项目介绍（考查表达能力、对道路绿地设计能力的掌握程度）	10	
总分		100	

项目二

私家庭院景观规划设计

学习目标

(1) 掌握私家庭院景观设计的概念、原则及特点。

(2) 掌握私家庭院景观设计的内容与方法。

(3) 能够灵活运用各景观元素配置原则进行私家庭院景观设计。

(4) 能够规范绘制私家庭院景观设计总平面图、剖立面图、植物种植图、铺装配置图、效果图、局部节点详图、施工图等。

(5) 能够编写私家庭院景观设计说明书、植物名录及材料统计。

(6) 能够进行文本制作及项目 PPT 汇报。

提出任务

图2-1所示为某别墅现状图。现要求对该别墅私家庭院进行景观设计。业主要求除了满足美化居住环境、具有观赏功能外，还要能够满足家人休闲、娱乐、健身等功能。下面我们了解一下完成该私家庭院绿地规划设计任务的全过程，并进行私家庭院绿地规划设计项目实训。

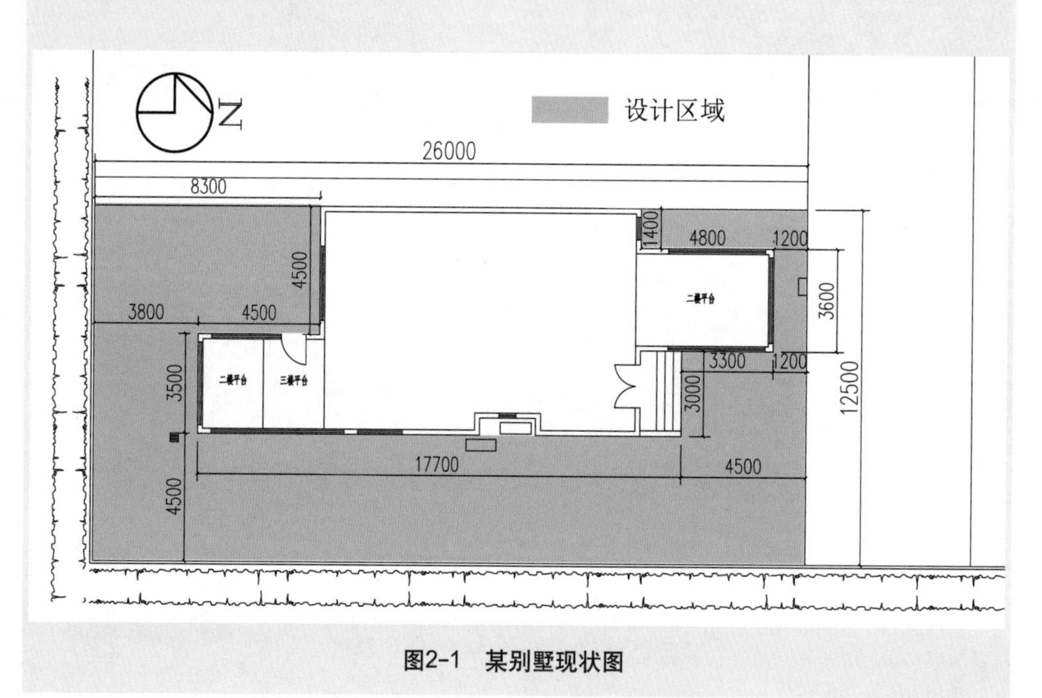

图2-1　某别墅现状图

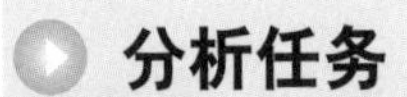

通过对图2-1进行分析，我们可以看到，这个充满情趣的私家庭院是以植物造景为主的。结合业主的项目要求与园林规划设计项目的常规程序，我们需要解决以下几个问题。

(1) 私家庭院绿地规划设计的思路、流程及需要注意的问题是什么？

(2) 如何在有限的空间内，实现庭院的实用功能与观赏功能的结合，并通过我们的设计体现一定的文化内涵？

根据业主对庭院的设计要求以及园林规划设计项目的常规程序，将该任务分解为以下几方面。

1. 现场调查研究

(1) 基地现状调查：现场勘查测绘，调查气候、地形、土壤、水系、植被、建筑、管线。

(2) 环境条件调查：与业主交流，明确设计要求与目标，包括风格、特色、造价等。

(3) 设计条件调查：调查的主要内容有建筑平面图、立面图，现状树木位置图，地下管线图。

2. 编制私家庭院景观设计任务书

(1) 项目背景：介绍项目区位与定位。

(2) 规划设计范围：项目规划具体尺寸。

(3) 项目组织：按规划进度分成几个阶段完成。

(4) 规划设计的主要任务：总体要求、主要原则、主要功能。

(5) 规划设计成果：说明书、图纸。

3. 庭院景观总体规划设计

庭院景观总体规划设计总平面图包括：功能分区、园路、植物种植、硬质铺装、比例尺、指北针、图例、尺寸标注、文字标注等。

4. 庭院景观局部详细设计

(1) 剖立面图：按照比例表现地形、硬质景观(建筑物、构筑物)、植物(按最佳观赏期表现)。

(2) 局部节点详图：表达局部景观节点、亮点。

(3) 效果图：表达最佳规划设计理念与设计主题。

5. 设计说明书

设计说明书中应包含现状条件分析、规划原则、总体构思、总体布局、空间组织、景观特色要求、竖向规划、主要经济技术指标。

6．植物名录及材料统计

植物名录及材料统计是指本方案中使用或涉及的植物与材料图例、名称、规格、数量等。

7．工程概预算

工程概预算的项目清单计价包括材料费、人工费、机械台班费等。

8．文本制作

文本制作是把以上项目成品资料进行统一整合成册，包括设计封面、扉页、封底、页眉、页脚、页码。

9．展板制作

根据展板制作要求对本项目的成品资料进行统一整合和排版。

10．项目汇报

制作项目汇报PPT。

知识储备

庭院，就是房屋建筑的外围院落，其中栽有各种花木，布置人工山水等景观，可供人们欣赏、娱乐、休息，是人们生活的空间。中国的庭院已有五千多年的发展历史，具有生态自然的艺术特色，富有音乐般的节奏和韵律，还有诗情画意般的意境。如图2-2所示的苏州留园就是千年经典之作。随着现代社会的发展和城市的高度集中，人们对于生活环境的品质越来越重视，私家庭院也顺应时代的发展而不断发展，形成一个新型的城市风景元素，如图2-3和图2-4所示。

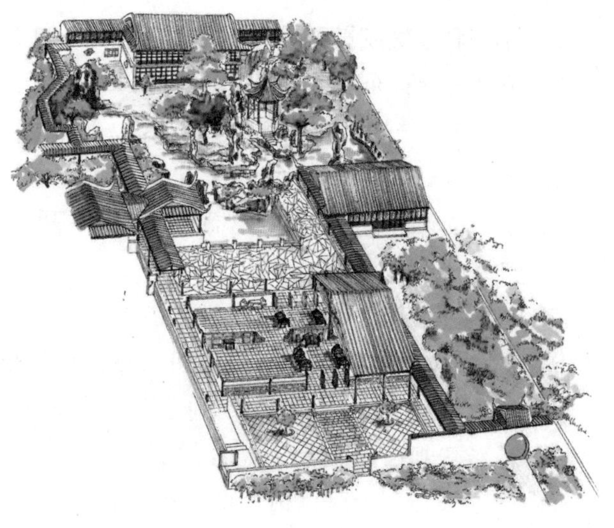

图2-2　苏州留园

图2-3　中式私家庭院

图2-4　欧式私家庭院①

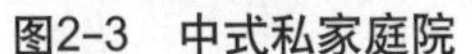

一、庭院功能与作用

现代私家庭院已经逐渐成为未来园林行业发展的主流方向之一，私家庭院的营造不仅能够美化生活，还能提高生活品质。

1．保护环境，促进健康

1）城市的肺脏

我国城市人口比较集中，随着工业与交通的发展，所放出的废水、废气、烟尘和噪声也越来越多，不仅影响环境质量，而且直接损害人们的身心健康。私家庭院的绿色植物，不仅可以维持空气中的氧气和二氧化碳的平衡，而且会使环境得到多方面的改善。

2）绿色的过滤器

随着城市建设的快速发展，粉尘、二氧化碳、氟化氢、氯气等有害物质成为城市的主要污染物，特别是某些金属、矿物、碳、铅等粉尘，不仅传染病菌，还会随着人们的呼吸进入人体内而产生矽肺、肺炎等疾病。在庭院里配置绿色植物，可以阻挡尘土飞扬和再起，从而减少疾病的来源，减少嗅觉污染，成为“空气净化器”。

3）绿色的消声器

城市环境的噪声超过70分贝时，就会使人产生头晕、头痛、神经衰弱、消化不良、高血压等病症。而绿色树木对声波有散射、吸收作用，例如，高6～7米的绿带能平均降低噪声10～13分贝，减少噪声污染。

4）绿色的杀菌器

某些植物具有一定的净化空气的功能，例如，桦木、桉树、梧桐、冷杉、毛白杨、臭椿、核桃、白蜡等都有很好的杀菌作用。用柏树分泌出的杀菌素能杀死白喉、肺结核、伤寒、痢疾等致病病菌。在庭院内根据周边的空气环境需要进行相应种植，可为空气净化建一道绿色屏障。

注：①图2-4来源于http://www.tuzi8.com.

5）变频中央空调

庭院中的绿色植物不仅能阻挡阳光直射，还能通过它本身的蒸腾和光合作用消耗许多热量。据测定，绿色植物在夏季能吸收60%～80%的日光能和90%的辐射能，使气温降低3℃左右；草坪表面温度比地面温度低6℃～7℃，比柏油马路面低8℃～20℃；有垂直绿化的墙面和没有绿化的墙面相比，其温度低5℃左右。而在冬季，庭院的绿色树木可以阻挡寒风袭击和延缓散热。

6）减少光污染

绿色植物还能吸收强光中的紫外线，减少反光，减少对眼球的感光刺激。尤其是老人和小孩，在绿树林荫中生活，更有益视觉健康，减少视觉污染。

2．美化环境，陶冶情操

私家住宅庭院绿化必须注意创造美的境界。把植物进行乔、灌、草、花立体配置，高低起伏和层次变化，错落有致，四季鲜明，色彩上和谐美观，季相变化丰富，形成多种层次与功能的复合型植物群落。建筑环境的配合讲究比例、尺寸的恰当，形成优美的休息环境，从而满足主人的生活和工作的需要，陶冶人们的思想和情操，在郁郁黄花、青青翠竹中，感悟生命的真谛，如图2-5和图2-6所示。

图2-5　人间仙境①

图2-6　雅致别院②

二、庭院绿化的原则

一个赏心悦目的私家庭院景观是整合多种因素，遵循一定的原则进行绿化的。

1．庭院绿化要满足各类庭院主人的要求

由于每个人都有对美的不同理解与感悟，作为设计师，不仅要从专业的角度把握每个庭院造景的独特之处，还要与业主进行良好的沟通，从业主的实际需要出发，整合业主对实用功能与欣赏功能的要求，设计业主满意的庭院绿化。

注：①图2-5来源于http://www.tuzi8.com.

②图2-6来源于http://www.tuzi8.com.

2．植物种类选择

在庭院植物种植设计时，主要应体现该庭院的风格特色，高低错落，一年四季有景可观，一般还要注意选用无毒且少花粉及少刺的观叶、观花、观果类植物。

3．要有合理的密度

疏密有致，层次分明，有错落高低感的植物配置会给庭院带来生机与美感。

4．全面考虑园林植物的季相变化色彩、香味、形状的统一对比

确保庭院一年四季有景可观，春有花、秋有果，庭院色彩随季相渐变，时时风景如画。

三、庭院绿化的形式

庭院绿化形式有很多，从总体布局来说，一般有规则式、自然式、综合式等。

1．规则式

规则式又叫整形式、对称式。这种庭院中的绿化讲究在平缓的地形中进行布置，主体建筑四旁绿化左右对称布置，主要道路旁的树木也依轴线成行或对称排列，在主要干道的交叉处或观赏视线的集中处，常设立水池、雕塑，或陈放盆花、盆景、饰瓶等，如图 2-7 和图 2-8 所示。规则式庭院绿化景观常给人以庄严、雄伟、整齐之感，如图 2-9 所示，它适合于大型庄园、独栋别墅等规则式庭院前庭布置。

图2-7　欧式庄园[①]

图2-8　中国古典庭院(安徽庐江汤池相思林)

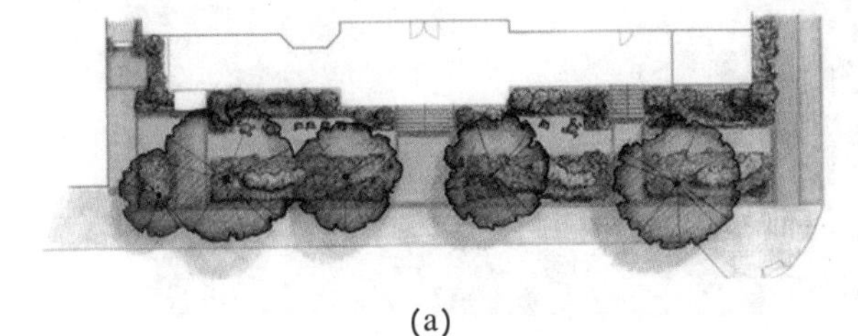

(a)

(b)

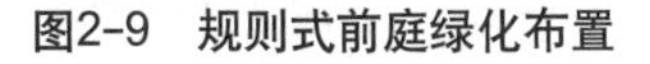
图2-9　规则式前庭绿化布置

注：①图2-7来源于http://www.tuzi8.com.

2．自然式

自然式也叫不规则式。这种庭院中的主要建筑及道路的分布、草坪、花木、假山、小桥、流水、池沼等都采用自然的形式布置，尽量顺应自然的规律，因地造景，浓缩大自然的美景于庭院有限的空间中，如图2-10所示。在树木花草的配置方面，常与自然地形相协调，与人工山丘自然水面融为一体。水体多以池沼、溪流、飞泉、瀑布的形式出现，驳岸也以自然堆砌形成自然倾斜坡度。树木在建筑四周作不对称布局，路旁的树木布局也要随其道路自然起伏蜿蜒。自然式的庭院景观，富有诗情画意，给人们以幽静的感受，如图2-11所示。这种形式常用于地形起伏自然的庭院之中。

图2-10　因地造景[①]

图2-11　顺应自然地形

注：①图2-10来源于http://www.tuzi8.com.

3．综合式

具有规则式和自然式两种特点的庭院绿化设计称为综合式，如图2-12所示。在大型庭院中，往往在主题建筑近处采用规则对称式绿化，而在远离主体建筑之处采用自然式绿化，以便与大自然融为一体。这类庭院一般会有些地形起伏变化，体现竖向造景，如图2-13所示。

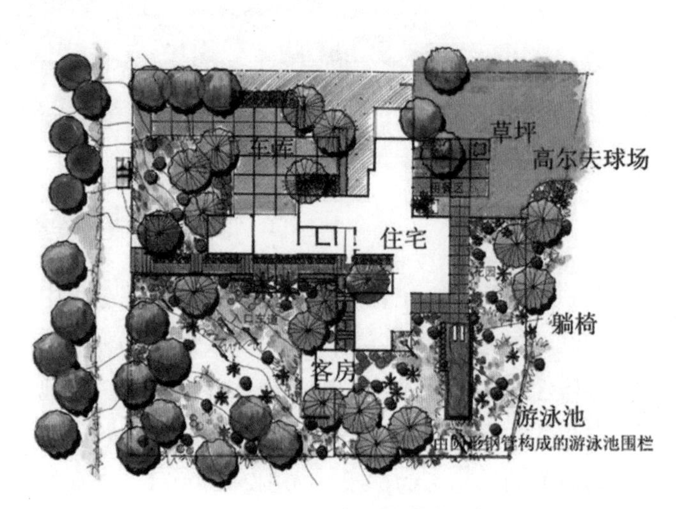

图2-12　综合式庭院布局

图2-13　综合式庭院的竖向造景

四、庭院绿化造景

在庭院景观设计中，应用绿色植物可以创造出多种形式的景观布局，具体有主景、配景、对景、分景、框景、夹景、漏景、添景、借景、点景等。

1．主景

图2-14　花坛雕塑主景（作者：熊星）

主景在庭院绿化中起控制作用，它是所在庭院绿化空间的核心和重点，如图2-14所示。若把主体景观形体加大，将路面降低，可使人的视点降低。主景部分的景观元素运用通常会比较丰富，植物配置种类多样，园林小品手法多样，水景的运用也独具匠心。

2．配景

植物造景虽然在庭院绿化中占主导思维，但在整个庭院绿化中，绝大部分的绿地处于从属地位。在庭院绿化中仍然以建筑为主体，而大部分的植物材料主要用来创造配景，以烘托主体建筑，丰富主体景观。当然，就某一块绿地空间来讲，又有主景和配景之分，在具体的绿地空间，可以利用植物材料同时创造主景和配景。对于植物主景来说，其周围的植物都为配景。如图2-15所示，广阔的草坪边缘种几丛灌木和花草，草坪则形成了主景，而灌木和花草是配景。

3．对景

位于庭院绿地轴线及风景视线的端点的景观称为对景。对景又分为正对景和互对景两种。正对景具有庄严、雄伟和气势磅礴的效果。互对景是在风景视线的两端同时设立两处景观，使之互成对景，具有柔和的自然美。互对景无须有严格的轴线，可以正对，也可以偏离一点，它们只要互成视线焦点即可，如图2-16所示。对景多用在自然式庭院绿地中。

图2-15　配景式庭院

图2-16　对景式庭院

4．分景

用于分隔空间的景称为分景。分景又有障景和隔景两种。障景也称仰景，其作用主要是抑制人们的视线，并使其转变方向，从而避免景物被一览无余，达到欲扬先抑的效果，进而增强景物的感染力。隔景就是将绿地分隔为若干个空间景物，既可实隔，又可虚隔，以丰富景观或使风景更富有特色，甚至深远莫测，具有更强的艺术感染力。分景以庭院绿地中的种植为主要材料，或用常绿的树丛作为障景，来遮挡不美之处，或用花墙、围栏、格栅、绿篱等作为隔景，如图2-17和图2-18所示。

图2-17　以植物作分景

图2-18　以绿篱作分景

5．框景

框景是指用门、窗、树木、墙洞等来框取另一空间的美景，如图2-19所示。建筑景观以及其他风景统一于景框之中，可得到独特的观赏效果，给人以强烈的艺术感染力。在庭院绿地中有时将密封的常绿高篱修剪出通透性的窗框或门洞，透过其框可以观赏到另一绿地空间的景色，从而丰富庭院景观的层次，如图2-20所示。

图2-19　门洞

图2-20　窗花

6. 夹景

夹景是指在轴线两侧利用各类植物造景或园林建筑小品造景，两厢对应，从而形成狭长的空间，促使位于空间端部的景观突出，增加了整个绿地空间的深远感，如图2-21、图2-22所示。

图2-21 外部夹景

图2-22 内部夹景

7. 漏景

漏景是框景的进一步发展，它使景色更加若隐若现、含蓄雅致，如图2-23所示。庭院绿化中除了运用花窗、花墙、景墙等创作漏景外，还常利用大乔木、树林、竹林等创作漏景，透过主干或稀疏的枝叶，隐约可见对面的景物，让人感到景外有景。

图2-23 景墙漏景

8．添景

为了使主景更富有层次，可在主景前面加一些花草山石或园林建筑小品等，这些另加的景色称为添景，如图2-24、图2-25所示。

图2-24　立体花艺添景

图2-25　木刻小品添景

9．借景

借景是小中见大的空间处理方法之一。它是把能够看到的园外景色组织到园内来，成为园内的一部分，也是园外之对景。如图2-26所示，让栏杆外的高大乔木与栏杆内的花、灌木组合形成高低落错的强烈视觉美感，起到扩大庭院空间，丰富庭院景观的作用。借景的方式有远借、邻借、仰借、俯借、因时因地借等，如图2-27所示。

图2-26　外景内借

图2-27　互为景观

10．点景

点景是在较小的庭院中以对联、匾额、碑文、石刻等形式来概括庭院空间环境景象，如图2-28、图2-29所示，可以起到意境幽深的效果。

图2-28　园墙画廊

图2-29　院落大门

五、庭院的局部空间景观绿化

随着土地资源的日趋紧张，现代庭院的面积都较小，每个造景元素的应用都会影响庭院规划设计的最终效果，每个景观元素如园门、园墙、园路、水景、叠石、草坪、花坛、花境、花台、树木组景、垂直绿化等都要精心设计。

1. 园门的绿化

每个庭院都有大小不同的出入口，即园门，如图2-30所示。园门对庭院空间的组合、分隔、渗透、造景等都有重要作用。由于园门是进出之处，位置显露，因此，园门的绿化最引人注目。园门的绿化在保证出入方便的原则下，应注意内外景色的不同。如图2-31所示，采用朴实自然的手法，以增加风景层次深度，扩大空间。还要注意对景、框景的创造，园门绿化常与绿篱、绿墙相结合，将有生命的花木材料与建筑材料相结合创造景物；园门的绿化要简洁、朴素、自然，要有明显的季节感，如图2-32所示。各类欧式园门，都表现出花与门色彩对比要强烈，选择的花木，花期长，花型小；一般

图2-30　小庭院门

绿化南向的门前，可以获得较好的阳光，应均衡配置草本花卉及花灌木或用落叶大乔木，以利通风和夏季遮阴；北向的门前比较阴冷，通风差，绿化时应种植常绿乔木，以阻挡冬季寒风。

图2-31　石柱门　　图2-32　欧式园门

2．园墙的绿化

由于安全、美化的需要可在外围设立各种样式的围墙。如图2-33所示，镂空的园墙可创造层次丰富、小中见大的庭院景观，既可独立成景，又可与其他要素相结合，创造各种景观或生动活泼的造型，使墙面披以绿色外衣，生机倍增，具有魅力的花木翻越墙头时，也美化了园外大环境；可如图2-34所示，低矮的园墙使园中景观续而不断；也可如图2-35所示，以断续的花篱做园墙。高大的围墙具有分隔空间、防尘、隔音、防火、防风、防寒、遮挡视线等作用，而且管理方便，经久耐用，如图2-36、图2-37所示。

图2-33　镂空园墙

图2-34　低矮的园墙

图2-35　断续的园墙

图2-36　景墙

图2-37　树墙

3. 园路的绿化

从房门到大门口的主干道叫通道，绿化通道要保证人们行走和车辆出入的方便，要使行人产生舒畅的感觉，如图2-38所示。庭院内的散步小路称为园路，如图2-39所示，路面及路旁的绿化可用草坪花境或树丛等形式布置，引人散步观赏，路面的铺装应与庭院环境相协调。另外还有上下坡的台阶坡路或平台等，为了主人行走的方便，庭院中的台阶要使步履舒适，适应不同年龄段的人跨越，如图2-40

图2-38　通道

图2-39　园路

所示。庭院中设有不同宽度级别的道路，用来联系前后门及园内各房舍。园路应是庭院景观的一部分，通过平面布置及材质、色彩、绿化的配置来体现庭院的艺术水平。园路不仅有交通功能，还有散步赏景的作用，如图2-41~图2-43所示。

图2-40　舒缓的台阶

图2-41　沙砾园路

图2-42　不同材质的园路

图2-43　石质园路

4．水景

人类与生俱来都亲水，水一向是造园的主要景观元素，没有了水就少了一半生机。水通常是庭院构图的中心，如图2-44所示。在庭院中，有的水池清澈见底，

图2-44 水边庭院[①]

有的流水溅起水花，有的水面波光粼粼，有的水面静中有动，有的水面动中有静，这些都会给人带来清凉、安宁的感觉。另外，在庭院中浇灌花木也必须要有水源，水中及水边可栽植水生植物或湿生植物，既可打破水面的宁静，使情调倍增，也可减少水分蒸发，改进水质，具有调节庭院温度、湿度、净化空气的作用。庭院中水景的形式有很多，如瀑布、喷泉、溪流、池塘等。

图2-45 园中喷泉[②]

1）喷泉和瀑布

庭院中的喷泉和瀑布可根据造型的需要和水量的多少来设计。如图2-45所示，在地势平坦规则的水域中，常以喷泉为主景。在地形自然起伏的庭院中常设人工假山，配以瀑布水景。瀑布景观不宜设计得过高，水流下泻要自然。在位置选择上，不要设置在与邻居相近之处，以免水声影响他人，如图2-46、图2-47所示。

图2-46 小喷泉

图2-47 小瀑布[③]

2）溪流

在较大的庭院中，可以把水体设计成盘曲迂回的流动形式，以创造溪涧景

注：①图2-44来源于http://www.tuzi8.com.

②图2-45来源于http://www.tuzi8.com.

③图2-47来源于http://picq.nipic.com.

观，使人赏心悦目。设计溪流时一定要保证水源、溪流的河床有一定的倾斜度。小溪的走向宛转迂回，或水流动陡急、浪花飞溅，或石间潜流，水中可用鹅卵石点缀，使之形成生动活泼的景观。溪流景观如图2-48和图2-49所示。北欧赫尔辛基“岩石小溪”就是用块石、卵石、沙砾等做成小溪，在两边遍植草坪、树丛、花丛，以创造花木成丛，与日本的“枯山水”异曲同工，岩石小溪是“枯山水”艺术的延展，如图2-50所示。

图2-48　溪流

图2-49　溪流学生作品（作者：沈雅倩）

图2-50　岩石小溪

3）跌落式水体

跌落式水体具有动态水景的韵律，又兼备静态水体的柔和，在水景景观设计中经常采用。水流如同手指从键盘滑过，富有音乐美感，如图2-51和图2-52所示。

图2-51　跌落的韵律

图2-52　舒缓地跌落

4）水池

水池能自然地呈现出主体建筑与岸边景观的倒影，使周围的情调倍增，如图2-53所示，在庭院中建造大小适宜的游泳池，给家人带来嬉水乐趣。如图2-54所示，园中水池的设计应根据不同的使用与欣赏功能进行布局。如图2-55所示，池边设有休息凉台以便娱乐嬉水，在水面的最窄处建一座小桥贴近水面，可起到分隔空间、丰富层次的作用，也可用步石代桥、块石为岛、叠石为山，晚上在淡淡的灯光下更显得水光一色、别有情趣。

图2-53 游泳池

图2-54 不同功能的水池

图2-55 小桥[1]

注：①图2-55来源于http://www.tjdaziran.cn.

5. 叠石

作为山的缩影，庭院中的叠石给人带来永恒之感，自然的山石、潺潺的流水、摇曳的花草树木都给人以遐想与美的享受。如图2-56所示，在庭院一隅叠石围成一圈石壁，限定了休闲空间，既可形成主景，也可以粉壁为纸、以石作画，形成立体画面或云墙石壁等景观。如图2-57所示，一些自然地理风貌明显，本身就具有欣赏功能的庭院，可以因地制宜，就地造景。如图2-58、图2-59所示，庭院较小的，便可结合花草树丛，互为景观。

图2-56　石壁

图2-57　土尔库私家石景

图2-58　石台

图2-59　庭院一隅

6. 庭院的草坪

庭院的草坪具有多种功能，既可提高空气净化指数，防止灰尘飞扬，提高氧气含量与相对湿度，减少太阳辐射，冬暖夏凉，防止水土流失，又可以与建筑相配合，起到美化庭院的作用。根据不同的使用功能，结合业主的要求与喜好，选用耐践踏的草坪，如图2-60～图2-62所示，主要有狗牙根、野牛草、结缕草、羊胡子草、早熟禾、天鹅绒草等。在人们践踏不到的地方也可种一些耐阴、开花的草种，如吉祥草、酢浆草、鸢尾草、萱草、麦冬、过路草，如图2-63所示。

图2-60 草坪1

图2-61 草坪2

图2-62 草坪3

图2-63 草坪4

7. 庭院的花台、花境和花坛

花台、花境和花坛在庭院中是最容易出彩的造景元素，多用时令花卉组景，造型丰富，季相变化明显，起到了很好的装饰美化作用，所以它们是庭院绿化中不可缺少的造景形式。如图2-64所示，花台一般设置在大门两侧、窗前、草坪、墙基等部位，选择种些小巧玲珑、造型别致的松、竹、梅、牡丹、芍药、红枫、海棠、杜鹃、丁香、天竺、山茶、蜡梅、枸骨等作主体，配以花草、假山、叠石等来创造最佳景观，也可以和水池、湖石、坐凳搭配形成复合花台，如图2-65所示。花境类似带状花台，但花卉布置自然，以花灌木或多年生花卉为主，有预期花色的变化，可收到高低起伏、此起彼落的综合效果，常布置在庭院中主要建筑的前沿园地边缘或沿着墙、绿篱、栏杆、棚架、台阶等基础布置，如图2-66所示。花坛外形一般呈对称几何形，外围有镶边，其中有肥沃的培养土，中间高、四周低，其上栽植着美丽低矮的观赏植物，以观赏其群体美、色彩美为主。形状较规整、面积较小的独立花坛，适合布置在庭院主要建筑物前面，或主要路线的交叉处，如图2-67所示。

图2-64　花台

图2-65　复合花台

图2-66　花境

图2-67　花坛

8. 庭院的树木组景

庭院树木的配置展示了主人的性格和文化品位，关系到庭院绿化功能的发挥和周围环境艺术水平的高低，一般配景种植的方式有孤植、对植、丛植、群植、行列植等。

1）孤植

在庭院开阔的草坪上单独栽植一株大乔木作为主景，不仅起着遮阴的作用，而且还有明显的观赏效果。在庭院前孤植木芙蓉，在孤植附近设立水池，布以山石，使其形成倒影，能给人们以相当强的艺术感染力。常用的孤植树有银杏、槐树、悬铃木、核桃、鹅掌楸、毛白杨、枫香、合欢、朴树、榆树、柳树、槭树、雪松、白皮书、广玉兰等。另外，也可用柏树等常绿树修剪成各种动物、建筑等几何造型，点缀庭院草坪、门前路旁，如图2-68～图2-70所示。

图2-68　木芙蓉孤植

图2-69　水边孤植

图2-70　芬兰某私家庭院灌木孤植

2）对植

图2-71　欧式庭院大门对植[①]

在规则式庭院中，按照一定的轴线关系把两株或两丛同种树对称栽植起来便形成对植。在构图上，对植能起到烘托轴线上主景的作用，特别是在大门口的两边，进行对植具有庄严、宏伟之感，还可能起到夹景的作用，增强景物透视的纵深感，如图2-71所示。常用的对植树种有同规格的雪松、龙柏、柏树、石楠、玉兰、桂花、樟树、银杏等。

3）丛植

用一定的构图方式，把几株观赏价值高的乔灌木配植在一起称为丛植，如图2-72和图2-73所示。丛植起来的树叫树丛，它外缘弯曲，内无行列之分，是一个造型优美的综合体。树丛布置在庭院中心，不仅有遮阴的作用，也可作为主景或配景使用，增加地势起伏，使景观富有生气，还可用它来掩蔽不完美的建筑物或分隔空间。

图2-72　芬兰某私家庭院复合丛植

图2-73　花灌木丛植

注：图2-71来源于http://www.tuzi8.com.

4）行列植

行列植就是按照一定的株行距，以直线或曲线的形式成行栽植乔、灌木，如图2-74所示。行列植主要配置在规则式的庭院中或道路的两旁，作为绿柱、绿墙、绿篱专用，是庭院中比较整齐单纯又有气魄的景观。如图2-75～图2-77所示，在较大的住宅庭院中或小块绿地四周，常用行列植的绿篱来分隔空间，防止噪声。行列植可以保护内部绿地、草坪、花卉，并可与花台桌凳结合创造适当的庭院景观。作为绿篱行列植的树种，最好选择生命力强、宜密植、耐修剪的常绿树，如女贞、冬青、七里香、橘、黄杨、千头柏、龙柏、桧柏、花柏、珊瑚树等。要使绿篱保持整齐美观且长期起防护作用，还必须进行适当的修剪，一般高度保持在30～40cm为宜。

图2-74　园路列植

图2-75　庭院绿篱

图2-76　芬兰某私家庭院路边丛植

图2-77　英式绿篱

9. 垂直绿化

垂直绿化是使用藤本植物在墙面、阳台、花棚架、庭廊、石坡、悬壁等处进行绿化，具有占用土地面积少、绿化面积大的特点，对土壤、气候要求并不苛刻，而且生长迅速，当年见效。垂直绿化在庭院建筑物的墙面上创造出绿色，根据不同的环境特点、设计意图科学地选择植物的种类，进行合理的配置，与建筑小品配合，又可以形成生动的画面，借此来分隔庭院的空间，以形成绿色屏障或背景。如图2-78和图2-79所示，白色墙面与绿色藤蔓融为一体时，可使建筑物变得更加生动活泼。此外，还可以有意识地利用垂直绿化来掩饰厕所、垃圾场以及建筑物上的弊端。垂直绿化不仅具有美化环境、净化空气、遮阴降温，改善小气候的作用，而且会使人们在幽静中感到富有生气。如图2-80所示，花墙花架不仅增添庭院美景，也是夏季乘凉、谈心、玩耍的场所。

图2-78　芬兰某私家庭院墙面垂直绿化

图2-79　墙面绿化

图2-80　花墙

知识拓展

（1）私家庭院设计应与原来的地形、地貌等自然环境相结合。如图 2-81 所示，采取集中与分散相结合的形式，创造安静舒适的休息环境，既有利于居民的休息，又适合儿童的室外活动。

图2-81　芬兰儿童游乐区

（2）面积较大的庭院可设休闲区域，绿化种植以乔木遮阴为主，适当点缀一些观赏花和灌木及花台、板凳、儿童活动设施等，但要避免设在交通路口处，以免发生交通事故，如图 2-82 和图 2-83 所示。绿化时要结合设施的内容和活动的需要，充分注意日照、防尘、通风等，在该区域周围可用绿篱分隔空间。

图2-82　南京某庭院

图2-83　庭院秋千

（3）行列式楼房的庭院虽有较好的朝向，但易形成长条庭院空间。如图 2-84 所示，靠近楼房处可用花草、灌木、草坪来绿化，中间道路的南侧种植高大的乔木，以避免视线贯通。

图2-84　芬兰某私家庭院藤蔓绿化分隔

(4) 周边式楼房建筑应充分利用中间空地，建设附属庭院或游园。如图 2-85 所示，在其四周布置绿带，中部可适当地使用树丛绿带来分隔空间，特别是中央部分，除草坪外还应留出较大的铺装地面，以利通风、日照和方便成年人休息或打太极拳等休闲活动，其中一侧可适当地设置青少年活动设施，用绿化树丛、树篱分隔。

(a) 北欧乡村树丛

(b) 别墅区树丛

图2-85 树丛分隔

(5) 宅前小面积的庭院绿化，要考虑到老人或幼儿活动，晒衣场，特别是垃圾箱要隐蔽等，还应根据住户的爱好种植花草、树木、草坪等，避免种植鸢尾、凌霄、月季、玫瑰、蔷薇、漆树等带刺或使人皮肤过敏的花木，如图 2-86 所示。

(a) 北欧私家庭院

(b) 牛顿花园

图2-86 休闲活动区

案例展示

某私家庭院景观设计效果图如图2-87所示。

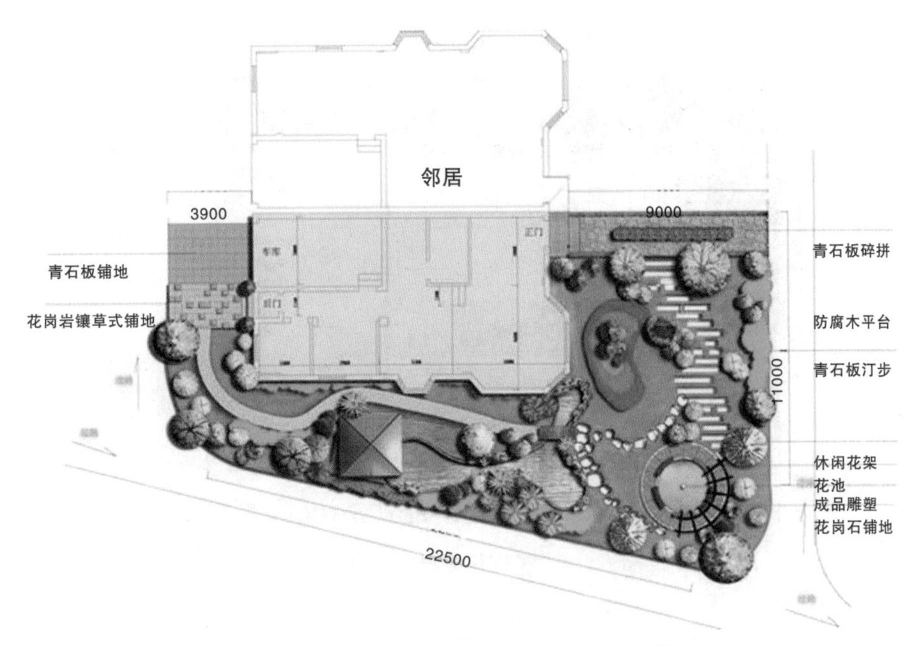

图2-87　某私家庭院景观设计效果图[①]

学生作品

南京运盛·美之国别墅私家庭院景观设计如图2-88～图2-92所示。

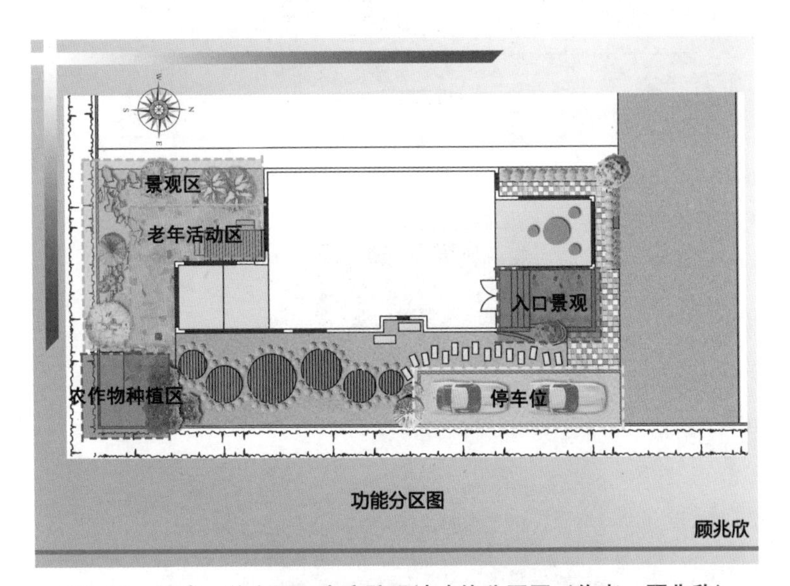

图2-88　运盛·美之国私家庭院设计功能分区图（作者：顾兆欣）

注：①图2-87来源于http://100yeuserfiles.100ye.com.

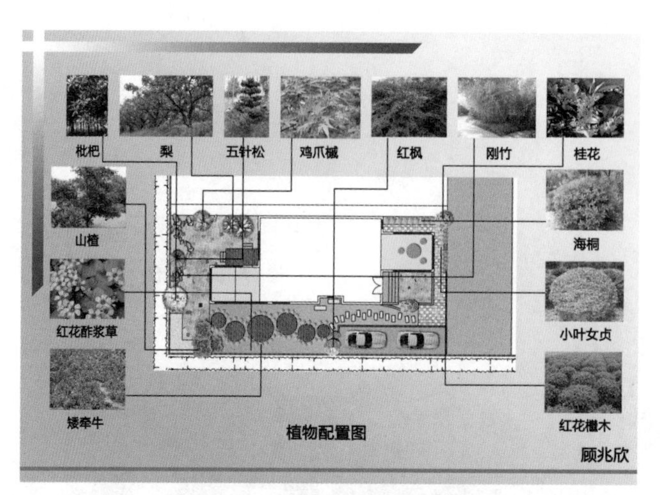

图2-89 运盛·美之国私家庭院设计植物配置图（作者：顾兆欣）

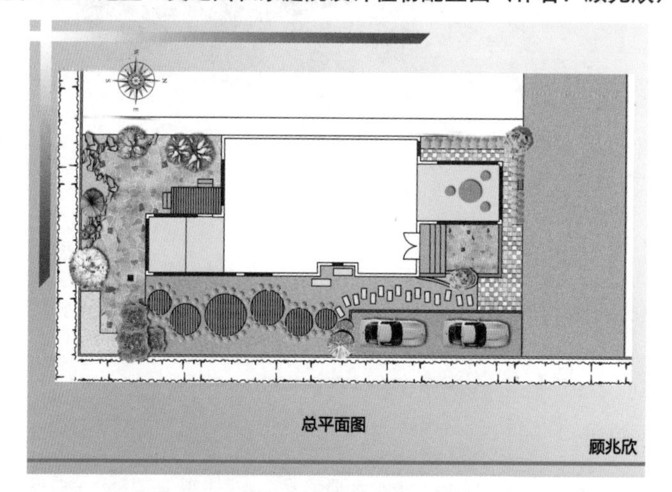

图2-90 运盛·美之国私家庭院设计总平面图（作者：顾兆欣）

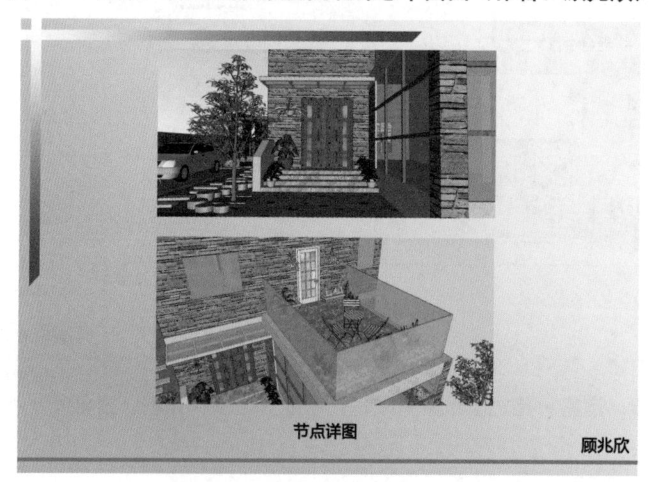

图2-91 运盛·美之国私家庭院设计节点详图（作者：顾兆欣）

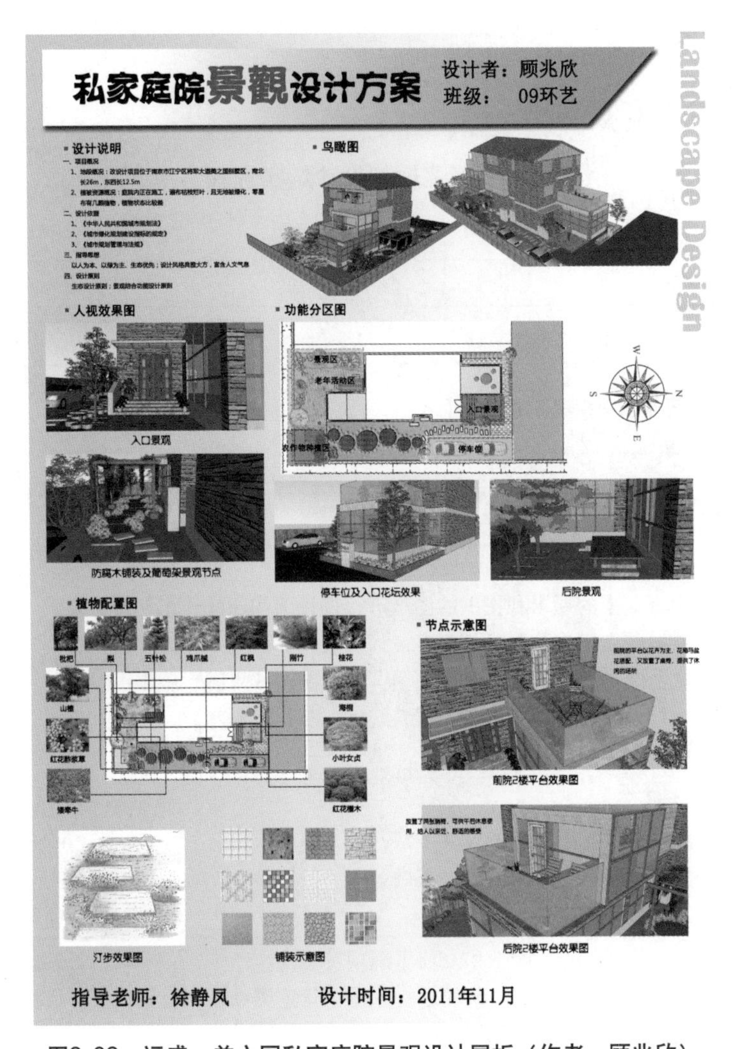

图2-92　运盛·美之国私家庭院景观设计展板（作者：顾兆欣）

项目设计依据

私家庭院项目设计依据如下。

(1)《城市园林绿化技术操作规程》(DB51/510016—1998)。

(2)《江苏省城市绿化管理条例》。

(3)《江苏省园林绿化工程质量评定标准》。

(4)《江苏省城市园林绿化植物种植和养护技术规定》。

(5)《江苏省节约型园林绿化指导意见》。

(6)《江苏省节约型园林绿化范例集》。

实训任务

1. 实训任务单

《某私家庭院规划设计》实训任务单

班级：________________ 指导教师：________________
姓名：________________ 学号：________________

实训名称	某独栋别墅庭院景观设计	实训时间	
参与成员		实训场地	
实训目标	能力目标： （1）根据业主的要求和提供的图纸进行设计前沟通并作出初步方案。 （2）能够独立完成私家庭院方案设计及表现。 （4）规范绘制私家庭院绿化平面图、立面图、效果图、施工图。 （5）设计说明书、植物名录及材料统计、工程概预算。 （6）制作文本和项目汇报 PPT		
	知识目标： （1）私密、半私密空间的设计手法。 （2）国内外优秀私家庭院设计案例。 （3）立意构思的方法		
实训步骤	（1）现场勘查调查，与业主交流了解项目概况。 （2）搜集项目图文资料、建筑总规划图、管道图纸进行方案分析、目标定位。 （3）绘制草图并与业主沟通，听取修改意见。 （4）规范制图，完成庭院绿化总平面图、立面图、效果图、施工图、设计说明书、植物名录及材料统计、工程概预算、文本制作、项目汇报		
实训要求	（1）总体规划意图明显，符合庭院绿地性质、功能要求，布局合理，自成系统。 （2）种植设计树种选择正确，能因地制宜地运用种植类型，符合构图要求，造景手法丰富，能与道路、地形地貌、山石水、建筑小品结合，空间效果较好，层次、色彩丰富。 （3）图面表现能力强，设计图种类齐全，设计深度能满足施工的需要，线条流畅，构图合理，清洁美观，图例、文字标注、图幅符合制图规范。 （4）设计说明书语言流畅，言简意赅，能准确地对图纸进行补充说明，体现设计意图。 （5）方案绿化材料统计基本准确，有一定的可行性。 （6）制作文本和项目汇报 PPT		

续表

实训内容	(1) 基地现状调查：气候、地形、土壤、水系、植被、建筑、管线。 (2) 环境条件调查：景观特点、发展规划、质量状况、设施情况。 (3) 设计条件调查：基地现状图，现状树木位置图，地下管线图，主要建筑平面图、立面图。 (4) 基地分析。 (5) 方案设计阶段：功能关系图、功能分析图、规划总平面图。 (6) 详细设计阶段：局部详细平、立、剖、面图，透视图，鸟瞰图，设计说明。 (7) 制作文本和项目汇报PPT
实训成果	(1) 庭院绿化平面图、立面图、效果图、施工图。 (2) 设计说明书、植物名录及材料统计、工程概预算。 (3) 制作文本和项目汇报PPT
PPT汇报自评	
小组互评	
教师总评	

2. 评分标准

序号	考核内容	分值	得分
1	私家庭院功能分区图、总平面图	20	
2	私家庭院局部节点详图、剖立面图	20	
3	私家庭院植物种植图、硬质景观及铺装配置图	15	
4	私家庭院鸟瞰图或局部效果图	15	
5	私家庭院设计说明、植物名录及材料统计、工程概预算	10	
6	文本制作或展板设计(规范性、完整性、美观性)	10	

续表

序号	考核内容	分值	得分
7	PPT汇报、项目介绍（考查表达能力、对私家庭院规划设计能力的掌握程度）	10	
总分		100	

项目三

屋顶花园景观规划设计

学习目标

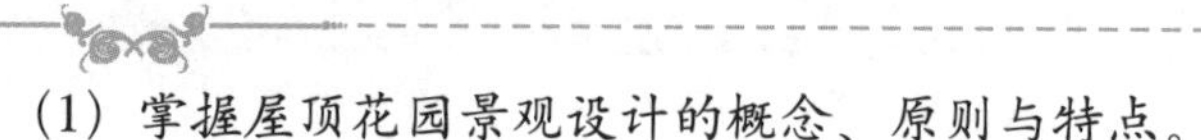

(1) 掌握屋顶花园景观设计的概念、原则与特点。

(2) 掌握屋顶花园景观设计的内容与方法。

(3) 能够灵活运用各景观元素配置原则进行屋顶花园景观设计。

(4) 能够规范地绘制屋顶花园景观设计功能分区图、总平面图、剖立面图、植物种植图、铺装配置图、效果图(或鸟瞰图)、局部节点详图、施工图等。

(5) 能够编写屋顶花园景观设计说明书、植物名录及材料统计。

(6) 能够进行文本制作及项目汇报PPT。

提出任务

图3-1所示为某高职院校教学楼屋顶花园现状图。现要求对屋顶花园进行景观设计。校方要求除了满足绿地率、观赏功能、美化校园外，还要能够满足本校环境艺术设计专业、风景园林设计专业、园林技术专业学生进行屋顶花园模块部分的专业认识实习、课程实训等功能。下面我们了解一下完成该屋顶花园设计任务的全过程，并进行屋顶花园规划设计项目实训。

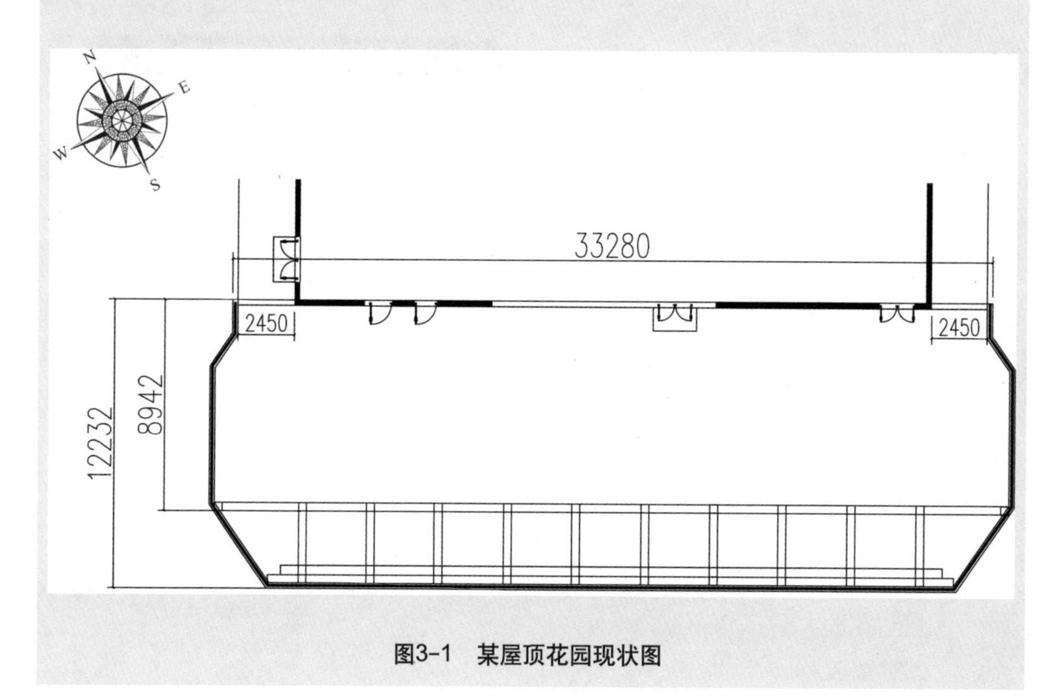

图3-1 某屋顶花园现状图

分析任务

通过对图3-1的分析，我们可以看到这个面积不大、多方受限制的屋顶花园以植物造景为主，结合校方的设计要求，我们需要解决以下几个问题。

(1) 屋顶花园设计的思路、流程及需要注意的问题是什么？

(2) 如何在有限的空间内满足实用功能与观赏功能的结合，并通过我们的设计体现屋顶花园的文化内涵？

结合建设单位的项目要求与园林规划设计项目的常规程序，将该任务分解为以下几项。

1. 屋顶花园调查研究

(1) 基地现状调查：主要包括现场勘查测绘，调查气候、地形、建筑、管线、各区位采光度、植物生长环境、屋顶承重、防水、落水口等。

屋顶花园预计设置在校区教学楼楼顶南侧，规划面积约300m^2，屋顶荷载为2.0kN/m^2，教学楼拥有良好的设备，通水、电，并拥有两架货梯，东西两面各有入口，能够运输建设使用的材料。

(2) 环境条件调查：主要是与校方进行交流，了解项目概况，明确设计要求与目标，包括景观特点、发展规划、质量状况、设施情况，常用于屋顶的植物、地下管线图，主要建筑平、立面图等。

(3) 设计条件调查：基地现状图，现状树木位置图，地下管线图，主要建筑平、立面图。

(4) 校方要求：进行轻质屋顶绿化，屋顶花园实训基地将能满足该院校城市园林专业系列专业课程的实训需要，并能不定期地接受50名学生进行实训，保留一些施工过程和设置植物辨认标牌等措施，以便让学生能一目了然地掌握相关园林设计与施工等知识。

2. 编制屋顶花园景观规划设计任务书

(1) 项目背景：介绍项目区位与定位。

(2) 屋顶花园规划设计范围：项目规划具体尺度。

(3) 项目组织：按规划进度分成几个阶段完成。

(4) 规划设计的主要任务：总体要求、主要原则、主要功能。

(5) 规划设计成果：说明书、图纸。

3. 屋顶花园总体规划设计

(1) 功能分区图：表达总体规划功能分区、图例、比例尺、指北针、文字标注等。

(2) 总平面图：包括功能分区、道路、植物种植、硬质景观、地面铺装、比例尺、指北针、图例、尺寸标注、文字标注等。

4．屋顶花园局部详细设计

(1) 剖立面图：按照比例表现地形、硬质景观（建筑物、构筑物）、植物（按最佳观赏期表现）。

(2) 局部节点详图：表达局部景观节点、亮点。

(3) 鸟瞰图或效果图：表达最佳规划设计理念与设计主题。

5．设计说明书

设计说明书中应包含现状条件分析、规划原则、总体构思、总体布局、空间组织、景观特色要求、竖向规划、主要经济技术指标。

6．植物名录及材料统计

植物名录及材料统计是指本方案中使用或涉及的植物与材料图例、名称、规格、数量等。

7．工程概预算

工程概预算的项目清单计价包括材料费、人工费、机械台班费等。

8．文本制作

文本制作是指把以上项目成品资料进行统一整合成册，包括设计封面、扉页、封底、页眉、页脚、页码。

9．展板制作

根据展板制作要求对本项目的成品资料进行统一整合和排版。

10．项目汇报

制作项目汇报PPT。

知识储备

一、屋顶花园概述

位于建筑物顶部，不与大地土壤连接的花园，就叫屋顶花园。屋顶花园可以广泛地理解为在各类古今建筑物、构筑物、城围、桥梁(立交桥)等的屋顶、露台、天台、阳台或大型人工假山山体上进行造园，种植树木花卉的统称。

屋顶花园并不是现代建筑发展的产物，它可以追溯到4000多年前。图3-2所示的古代苏美尔人最古老的名城之一乌尔城所建的大庙塔，就是屋顶花园的发源地。而图3-3所示的世界七大奇观之一的巴比伦空中花园就是屋顶花园的巅峰之作。

世界上屋顶绿化发展最早、技术最成熟的是德国，德国的屋顶绿化率多年前就已达10%以上。屋顶绿化这种发挥着重要的环保节能功效，集生态、经济和社会效益于一体的绿化方式，在德国越来越流行，如图3-4所示。

图3-2　乌尔城大庙塔[1]

(a)[2]

(b)[3]

图3-3　巴比伦空中花园

(a)[4]

(b)[5]

图3-4　德国经营型屋顶花园

注：①图3-2来源于http://www.86garden.com.

②图3-3(a)来源于http://www.ancientech.com.

③图3-3(b)来源于http://www.goofb.cn.

④图3-4(a)来源于http://gc.yuanlin.com.

⑤图3-4((b)来源于http://tl.baidu.com.

在日本，东京市政府强制推行屋顶绿化义务，规定占地1000m²以上（公共设施250m²以上）的建筑物都必须履行屋顶绿化义务，规定新建商业建筑可利用空间的绿化率最少要达到20%。日本在绿色屋顶建筑中采用了许多新技术，例如采用人工土壤、自动浇水装置，甚至有控制植物高度及根系深度的种植技术。

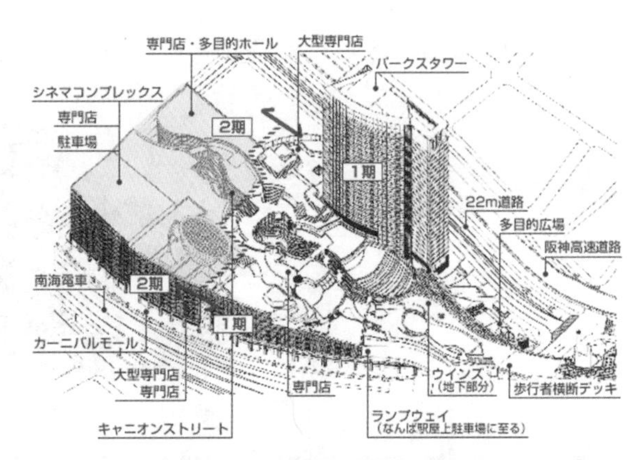

图3-5 日本难波公园规划图

日本难波公园一期开发总面积为16.7万平方米，其中商业面积为4万平方米，办公楼面积为8万平方米，第二期开发总面积为7.66万平方米，合计24.36万平方米，为拥挤喧嚣的城市带来了一片绿洲，如图3-5和图3-6所示。沿着一座30层的高塔，难波公园彰显了一种自然生态的生活方式，空中花园、屋顶绿树、公园直接与大街相连，为钢筋混凝土林立的城市里带来了一股清新的气息。在这里，人们可以欣赏大树、岩石、悬崖、草坪、溪流、瀑布、池塘及露台，徜徉在空中花园中尽享体验购物的乐趣。难波公园可谓集人文、娱乐为一体的自然生态式体验购物的杰作，获得日本2004年最佳建筑与环境设计奖，如图3-7和图3-8所示。

图3-6 日本难波公园鸟瞰

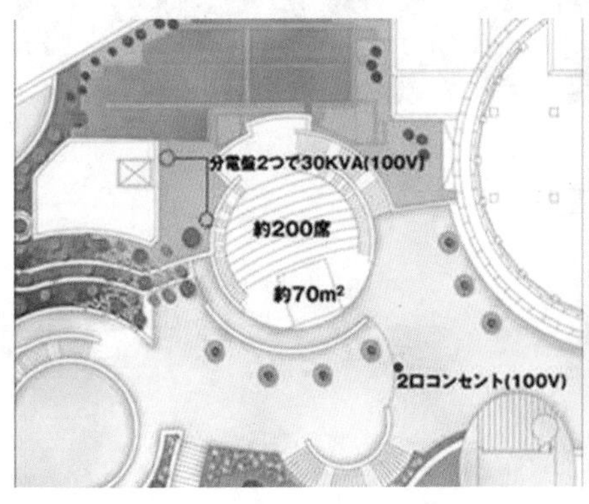

图3-7 日本难波公园一期规划图

图3-8 日本难波公园实景

二、屋顶花园的意义与功能

屋顶花园是一项综合性的建设工程，它涉及园林、园艺、环保、建筑、渗漏等，也是一项生态节能系统工程。屋顶花园的出现不仅美化了城市鸟瞰景观，解决了建筑与园林绿化争地的矛盾，增加了城市绿化面积，改善了日趋恶化的城市人居生存环境空间，促进了城市生态平衡，优化了人居环境，也是社会文明发展的需要,有效地提高了居民生活质量，如图3-9和图3-10所示。

图3-9　高空鸟瞰[①]

图3-10　人工与自然

1．治理城市污染，改善生态环境

近年来城市建筑物逐渐增多，由于太阳辐射引起的热能的积聚也随之增多，再加上家用燃料、工业、机动车排放的能量源源不断，造成城市气候的能量剩余非常惊人。由于建筑物对光的反射低，夜间降温减弱，因此会对人的健康产生长期的负面影响，而绿化的屋顶可以通过土壤的水分和生长的植物降低大约80%的自然辐射，减少了建筑物所产生的副作用。

2．美化城市，创造良好的人居环境

屋顶花园就是在屋顶就近创立新的绿色休息娱乐场所，屋顶花园可使一个建筑物呈多样性。它不仅软化硬质建筑线条给人们带来的烦躁感，而且给人们提供了尽情享受自然的乐趣。

3．调节温差，冬暖夏凉

屋顶温度因屋顶的结构、造型、色彩、材料等因素而各不相同，一般最高可以达80℃，最低可达-20℃，全年温差可达100℃，而绿化后的屋顶，可以减少温度变化幅度，全年可控制在30℃左右。因为绿色植物有效地阻挡了光线对屋顶的直射，蒸腾作用则带走了大量的热，培养基或者土层也起到了隔热作用，而在冬天，绿化的屋顶又像一个温暖罩保护着建筑物。

注：①图3-9来源于http://travel.hangzhou.com.cn.

4. 提高蓄水，改善小气候

绿化的屋顶能有效地提高蓄水能力，减少雨水通过下水管道的流失，从而缓冲城市的地面排水压力，提高楼面的防水作用。据统计，普通屋顶80%的雨水要流入下水道，而绿化后的屋顶能截留约50%的雨水贮藏于植物根部和栽培基质中，并在日后的蒸发过程中起到平衡城市局部小气候的作用。这对改善室内气温，减少城市的热岛效应，改善和创造良好的市民生活环境都有积极的作用。

5. 降低噪声，净化空气

城市噪声是城市的重要污染源之一，而绿化后的屋顶，可以有效地起到隔音作用。按照霍希尔-施密特原理，绿化层可以降低噪声2～3分贝，12cm厚的土层隔音约为40分贝，20cm的土层隔音约为46分贝。屋顶绿化的植物可以使城市环境中的悬浮物有一个落脚点，控制悬浮物在高层引起的二次飘浮，从而达到降低城市空间悬浮物、提高空气质量的目的。

6. 缓解视觉污染

随着城市高层、超高层建筑的兴起，更多的人将工作、生活在城市高空，不可避免地要经常俯视楼下的景物。无论哪种屋顶材料，在强烈的太阳照射下都会反射刺目的眩光，损害人们的视力。屋顶花园和垂直墙面绿化代替了不受视觉欢迎的灰色混凝土、黑色沥青和各类墙面，改善了城市的鸟瞰景观。对于身居高层建筑中的人们，无论是俯视大地还是仰视上空，都如同置身于绿化环抱的园林美景之中，如图3-11和图3-12所示。

图3-11　鸟瞰景观

图3-12　竖向景观

7. 创造城市中的生物生息空间，改善城市生态环境

人与自然的共生是现代城市发展的必然方向，而节能、可自我循环、完善的城市生态系统是城市可持续发展的基础。城市的不断扩张扰乱了当地的生态系统，破坏了生态平衡，使很多当地固有物种消失。系统化的屋顶绿化设施可以偿还大自然

有效的生态面积，为野生动植物提供新的生活场所，通过绿地的多样化来实现城市生态系统的多样性，从根本上改善城市环境。

三、屋顶花园的分类

根据不同的使用功能，可以把屋顶花园进行以下分类。

1. 公共游憩性屋顶花园

公共游憩性屋顶花园一般设置在繁华的都市中心地带、大型商业区或办公区屋顶，除了可以弥补土地资源紧张、地表绿化量不足外，这类屋顶花园还能给人高度鸟瞰的不同体验。公共游憩性屋顶花园一般以经营类居多，设有各类休闲娱乐设施，如旋转饭店、酒吧、茶社、健身馆、沙龙、游泳池等，通常采用会员制或年费制，如图3-13和图3-14所示，也有些商业住宅的屋顶会进行屋顶花园设计，为业主提供一些休闲、游乐的场所，如图3-15所示。

图3-13　休闲娱乐类屋顶花园[①]

图3-14　屋顶迷你高尔夫[②]

图3-15　居住区屋顶游乐花园

有些公共游憩性屋顶花园属于单位附属绿地，给员工创造了一个休闲放松或对外接待的功能型公共绿地，如图3-16和图3-17所示。

注：①图3-13来源于http://www.blogcdu.com.

②图3-14来源于http://www.ylstudy.com.

图3-16　商业公共游憩性屋顶花园

图3-17　南京某单位员工休息屋顶花园

2．家庭式屋顶小花园

家庭式屋顶小花园通常与私家庭院绿地进行统一规划设计，一般在住宅楼顶层或别墅的屋顶进行轻质的以植物造景为主的绿化方式，通常根据面积的大小与业主的要求进行“方寸现园林”“咫尺皆景观”的屋顶花园设计，如图3-18～图3-22所示。

(a) 现代简约私家屋顶花园①

(b) 新中式私家屋顶花园②

图3-18　屋顶一角

注：①图3-18(a)来源于http://www.mw-tc.com.

②图3-18(b)来源于http://imgo.ddyuanlin.com.

图3-19　方寸之景

图3-20　南京某私家屋顶假山

图3-21　平台

图3-22　多样的地面铺装

3．科技、生产类屋顶花园

图3-23所示为生产类屋顶花园。图3-24~图3-26所示为科技类屋顶花园，具有创新、独特的新观念、新种植工艺。

图3-23　生产类屋顶花园[①]

图3-24　创新类屋顶花园[②]

注：①图3-23来源于http://www.yangtse.com.

②图3-24来源于http://down.laifudao.com.

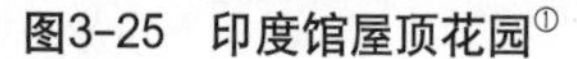
图3-25 印度馆屋顶花园[①]

图3-26 科技类屋顶花园

四、屋顶花园造景原则

在进行屋顶花园造景时必须遵循一定的原则。

1. 科学布局，安全持续

由于屋顶的绿化条件较地面差，造园及植物选择有一定的局限性，在屋顶进行景观元素配置时要根据屋顶的承载能力、技术相关指标及技术分析，做好防水、防渗漏，以便于日后的养护管理，使之可持续发展，如图3-27和图3-28所示。

图3-27 园林小品布置

图3-28 北欧斜坡屋顶

2. 四季循环变化，精致美观

屋顶花园要求能够在自然条件下自我演化，四季有景。在植物利用方面，要遵循自然规律并结合植物的季相变化进行搭配，构成春有花、秋有果的季相景观，使同一种植物能在四季景观中扮演不同的角色，使它们形成变换的景观，从而使整体环境贴近自然，如图3-29和图3-30所示。

注：①图3-25来源于http://pic.dongyingnews.cn.

图3-29　春有花[1]

图3-30　秋有果[2]

3．合理选择植物，科学造景

选择耐旱、抗寒性强的常绿乡土小型乔木、灌木和草坪、地被植物，它们具有抗风、不易倒伏、耐积水、能露地越冬的特性，能够创造出复层绿化景观。如图3-31所示，选用1～2种具有代表性的植物文化与建筑或企业文化相吻合，创造自身特色，形成不同的景观区域特色。如图3-32所示，通过适当的微地形处理，堆土围池，使用空间感更强的轮廓线来创造十分新颖、独特、自然的仿生态的人工环境。

图3-31　北欧屋顶·层层跌落

图3-32　仿生态景观[3]

4．以人为本，体现文化内涵

以人为本，充分考虑把建设方想要展现的文化内涵与地方文化特色融入园林造景中，运用不同的造园手法来创造一个源于自然而又高于自然的园林景观。如图3-33所示的建筑为商业区公共屋顶花园，其连续的手印展牌展示体现出该屋顶花园文化主

注：①图3-29来源于http://img.9y6.com.

②图3-30来源于http://img.bbs.szhome.com.

③图3-32来源于http://imgo.ddoye.com.

题。如图3-34所示的建筑是展示类机构，本身具有的线条构成美感，在屋顶景观设计时仅用藤蔓柔化建筑线条就可。而图3-35和图3-36所示为典型的地方人文特色的屋顶花园，无论是总体布局，还是材料与色彩的运用都体现了特有的文化内涵。

图3-33　商业区公共屋顶花园

图3-34　法国馆：柔化建筑

(a) 公共屋顶花园

(b) 私家类屋顶花园[①]

图3-35　欧洲地区屋顶花园

(a) 商业类屋顶花园[②]

(b) 私家类屋顶花园[③]

图3-36　中东地区屋顶花园

注：①图3-35(b)来源于http://gc.yuanlin.com.

②图3-36(a)来源于http://design.yuanlin.com.

③图3-36(b)来源于http://about.ddyuanlin.com.

五、屋顶花园设计

一个成功的屋顶花园景观，不仅要遵循一定的设计原则，更要能够应对不同类型的屋顶结构现状，进行安全、实用、美观、经济、合理的设计。

1．*屋顶花园的设计原则*

1）安全性——屋顶花园的基本特征

建筑物能安全地承受屋顶花园所加的荷重，如植物土壤和其他设施的重量。此外，屋顶的防水也要注意，屋顶花园的造园过程是在已完成的屋顶防水层上进行的，园林小品、土木工程施工和经常性的种植耕种作业极易造成破坏，使屋顶漏水，造成极大的经济损失，以至成为建筑屋顶花园的社会阻力，应引起足够的重视。另外，屋顶上建造花园必须设有牢固的防护措施，以防人、物落下。

2）实用性——屋顶花园的造园目的

衡量一座屋顶花园的好坏，除满足不同的使用要求外，绿化覆盖率指标必须要保证在50%～70%，以发挥绿化的生态效益、环境效益和经济效益。

3）园林艺术美——屋顶花园的特色

屋顶花园要为人们提供优美的游憩环境，因此，它应比露地花园建造得更精美。屋顶花园的景物配置、植物选配均应是当地的精品，并精心设计植物造景的特色。由于场地窄小，道路迂回，屋顶上的游人路线、建筑小品的位置和尺度，更应仔细推敲，既要与主体建筑物及周围大环境保持协调一致，又要有独特的园林风格。

4）经济性

建造屋顶花园一定要做好概预算，必须结合实际情况，作出全面考虑，同时屋顶花园的后期养护也要做到养护管理方便，节约施工与养护管理的人力物力，最大限度地为业主节约成本。

2．*屋顶花园造景结构要求*

根据屋顶结构的现状，提出相应的造景结构要求。

1）屋顶花园的荷载

屋顶花园的荷载是设计屋顶花园的关键之一，做屋顶园林工程首先要考虑屋顶的承载，能承受多大的荷载是做屋顶花园的前提条件，如图3-37所示。屋顶绿化常有屋顶防漏、照明、供排水等设施，还有雕

图3-37　屋顶绿化标准断面图

塑、园路、灯光、水池、喷泉、花木、亭台、建筑小品等相互合理配合，整体荷载应在100～250kg/m^{2}以内。

2）屋顶花园的防水

屋顶花园的防水是做屋顶花园的关键之二，营造屋顶花园之前，首先做闭水试验，试验3天，水高5cm，若防水层破坏要进行修补。由于植被下面长期保持湿润，并且有酸、碱、盐的腐蚀作用，会对防水层造成破坏，所以还要进行防水设计，如图3-38所示。设置隔根层和防漏层，以防止屋顶植物的根系侵入防水层，破坏房屋的屋面结构，造成渗漏。在给排水处理上还应建立屋顶雨水和空调冷凝水的收集回灌系统，以便利用此水浇灌花木，从而达到节水节能的目的。

图3-38 屋顶防水断面图

3）土壤的选择及处理

绿色植物造景基础包括基质、荷载和隔根防漏等。绿色多变的植物需要一个良好的生长条件和基质才能保持持续的景观展示。种植池内基质材料要求渗透性能好、蓄水能力强和具有一定的空间，一般保持30～60cm的深度可以满足草坪、灌木和小乔木立足的需要，而乔木对土层厚度要求更高，有时要达到1m以上，才能满足其生长发育的需要。如图3-39所示，不同类型的植物都有不同的土层厚度需求，只

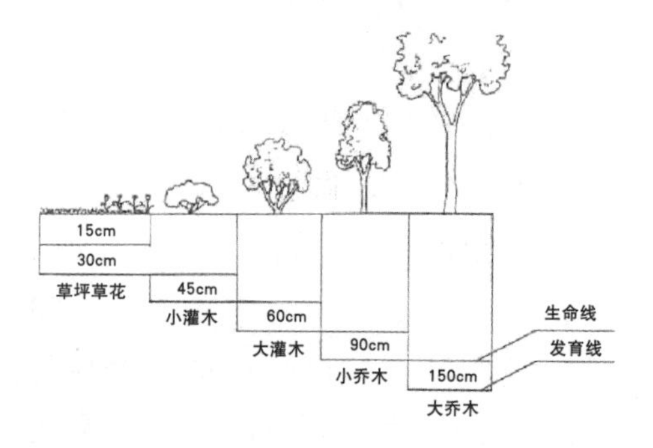

图3-39 不同类型的植物所需的土层厚度

有在标准值范围内，植物才能得到良好的生长。

六、屋顶花园植物种植设计

植物种植设计是景观营造的核心，在屋顶花园的景观设计中尤为重要。

1．植物造景形式

绿化种植面积一般占绿化屋顶面积的60%～90%；主要利用檐口、两篷坡屋顶、平屋顶、梯形屋顶进行植物配置，方法有孤植、绿篱、花境、丛植、花坛等，可用木桶或大盆栽种木本花卉点缀其中，如图3-40所示。在不影响建设物载荷量的情况下，可以搭设荫棚栽种葡萄、紫藤、凌霄、木香等藤本植物，在平台的墙壁上可以栽种爬山虎、常春藤等。

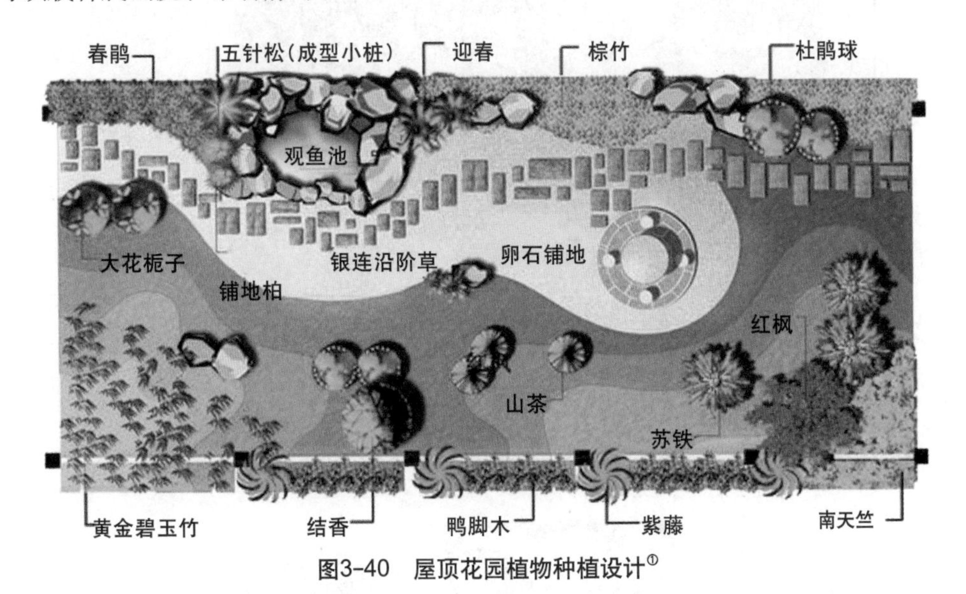

图3-40　屋顶花园植物种植设计[①]

根据屋顶花园承载力及种植形式的配合和变化，可以使屋顶花园产生不同的特色。承载力有限的平屋顶，可以种植地被植物或其他矮型花灌木，例如垂盆草、半支莲及爬蔓植物（如爬山虎、紫藤、五叶地锦、凌霄等）直接覆盖在屋顶，形成绿色的“地毯”。对于条件较好的屋顶，可以设计成开放式的花园，参照园林式的布局方法，可以做成自然式、规则式、综合式和种植式。

总的原则要以植物装饰为主，适当地堆叠假山、石舫、棚架、花墙等，形成现代屋顶花园。在城市的屋顶花园中，应少建或不建亭、台、楼、阁等建筑设施，而是要注重植物的生态效应。

注：①图3-40来源于http://bbs.tgnet.cn.

1）自然式

自然式是在屋顶进行绿化的同时，自然布置园路、水体、园林小品、花架、廊亭等，适宜自然、放松、排解生活烦恼、修身养性、畅想未来的优美和谐场所，如图3-41所示。

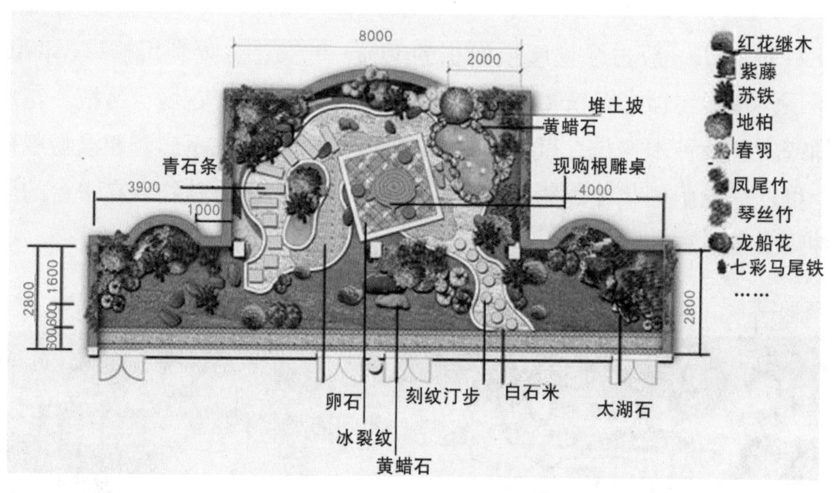

图3-41　自然式屋顶花园[①]

2）规则式

规则式是在屋顶进行绿色覆盖的同时，园路、水体、园林小品、花架、廊亭等呈规则对称几何形布置，适合规整、严谨的高雅舒适的空间，如图3-42所示。

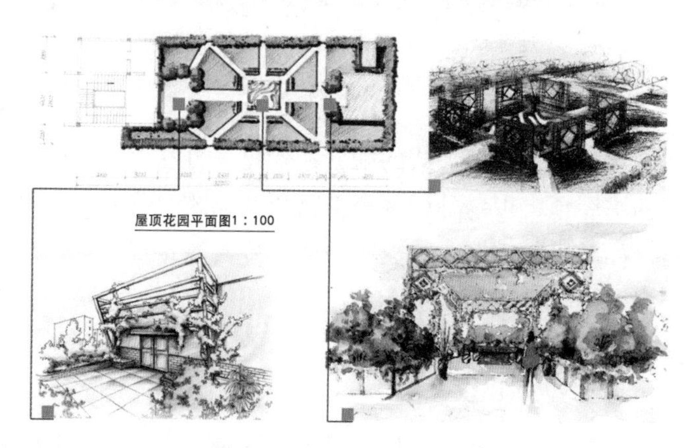

图3-42　规则式屋顶花园[②]

注：①图3-41来源于http://pic9.nipic.com.

②图3-42来源于http://about.ddyuanlin.com.

3）综合式

综合式集规则式、自然式的特点为一体，适宜面积较大的休闲活动场所，可以让人们的生活丰富多彩，尽享其中之乐趣，有效地提高生活品质，促使环境的优化组合，如图3-43所示。

（a）公共类屋顶花园[①]

（b）私家类屋顶花园[②]

图3-43　综合式屋顶花园

4）种植式

种植式是从生态种植的观点出发，以植物种植为主要造景手段，根据建筑面积的大小和使用功能的不同以及资金等条件进行布置。如图3-44所示，采用借景的手法，借植物的高度和树冠形成的空间轮廓线，以加强地形等标高的空间感觉，形成新的地貌轮廓线。如图3-45所示，利用植物地形共组前低后高的赏景空间，有利于对特殊外景的观赏，或者在高层观景台留出观赏视线去欣赏低层景观。

（a）公共空间

（b）商业空间

图3-44　借景

注：①图3-43(a)来源于http://bbs.tgnet.cn.

②图3-43(b)来源于http://Pic9.nipic.com.

(a) 公共空间多层种植[①]

(b) 停车场空间多层种植

图3-45　多层次种植景观

2．植物种植设计要点

屋顶花园夏季温度高、干旱，冬季温度低、风大、沙尘多，底土比较薄，这就决定了选择植物时要选择耐干旱、耐低温、主根短、须根发达丰满、耐瘠薄、抗风力强、不宜倒伏的植物。既要尽可能利用本土植物进行种植设计，配置合理，多考虑耐阴树种，一年四季都有景可观；又要充分考虑植物的生物学特性，选择易成活，耐修剪，生长速度较慢，易管理，便于养护的植物种类。

如图3-46所示，浅层屋顶花园一般以草坪为主，间有色带，由于高大的乔木根系深、树冠大，而屋顶上风力大、土层薄，容易被风吹倒，若加厚土层，则增加重量，于是很少配植根系较大的花灌木和大乔木。而且，乔木发达的根系往往还会深扎防水层而造成渗漏，因此，屋顶花园一般应选用比较低矮、根系较浅的植物。

图3-46　草坪式屋顶花园

注：①图3-45(a)来源于http://www.zgylqyw.com.

深层屋顶花园可适量配置花灌木和乔木。植物配置时要充分考虑后期效果和根系对铺设材料的影响，乔木、大灌木尽量种植在承重墙或承重柱上，如图3-47所示。选择植物时一定要以上述要求为依据，选择合适的植物，植物配置不可过繁，要达到简洁明了的目的，如图3-48所示。

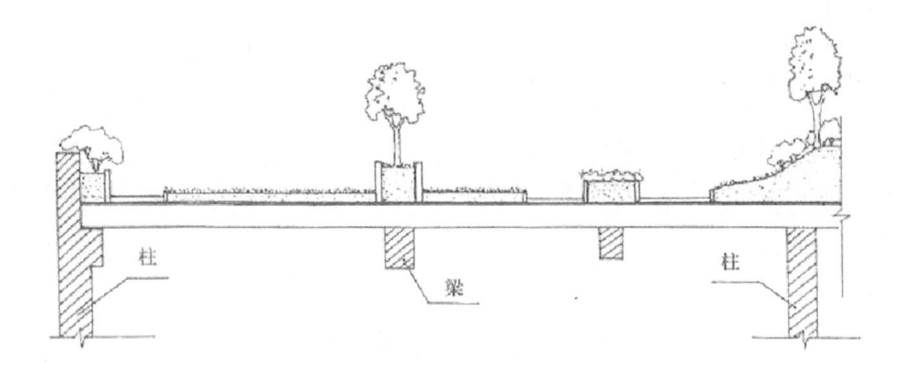

图3-47　深层屋顶花园种植剖面图

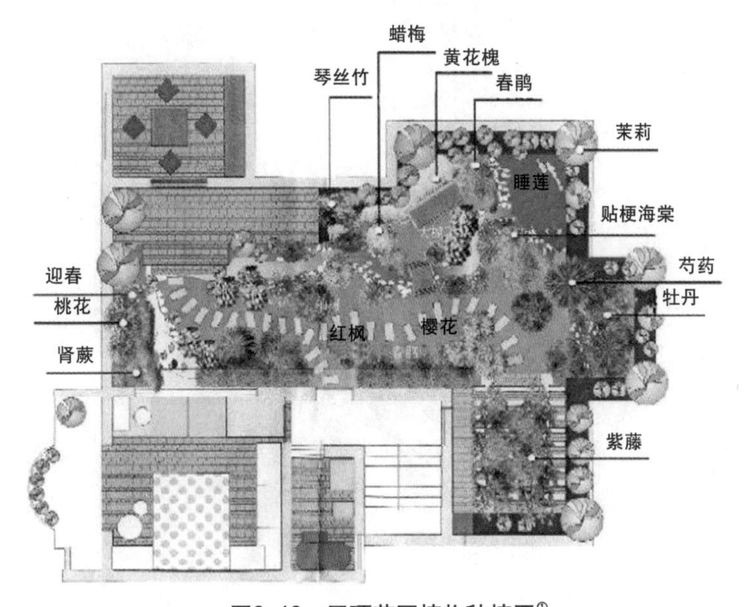

图3-48　屋顶花园植物种植图[①]

一般栽植草皮等地被植物，泥土厚度需10～15cm；栽植低矮的草花，泥土厚度需20～30cm；栽植灌木的泥土厚度为40～50cm；栽植小乔木的泥土厚度为60～75cm。草坪与乔、灌木之间以斜坡过渡。

注：①图3-48来源于http://xbylw.cn.

种植区植物生长的土层厚度与荷载值表如表3-1所示。

表3-1　种植区植物生长的土层厚度与荷载值表

类　别	单　位	地被	花卉或小灌木	大灌木	浅根乔木	深根乔木
植物生存植土最小厚度	cm	15	30	45	60	90～120
植物发育植土最小厚度	cm	30	45	60	90	120～150
排水层厚度	cm	5	10	15	20	30
平均荷载（种植土容重按1000kg/m^3计）	kg/m^2（生存）	150	300	450	600	600～1200
	kg/m^2（生育）	300	450	600	900	1200～1500

3．*屋顶花园常用植物*

屋顶花园的植物种类必须符合屋顶花园植物种植设计的特殊要求，更好地体现四季有景、便于养护的功能。

1）常绿树

(1) 乔木：五针松、黑松、龙柏、桧柏、罗汉松、珊瑚树、棕榈、蚊母、桂花等。

(2) 灌木：连翘、红叶小檗、瓜子黄杨、大叶黄杨、雀舌黄杨、金边黄杨、丝兰、凤尾兰、栀子花、天竺、杜鹃、茶花、茶梅、含笑、苏铁、桃叶珊瑚、海桐、枸骨、六月雪、黄馨、金叶女贞、地柏、八角金盘、红花木等。

2）落叶树

(1) 乔木：龙爪槐、紫薇、木瓜海棠、白玉兰、紫玉兰、垂枝榆、紫叶李、鸡爪槭、丁香、樱花、金钱松、红枫等。

(2) 灌木：牡丹、月季、迎春、金银花、榆叶梅、黄栌、郁李、锦带花类、天目琼花、流苏、海州常山、棣棠、木槿、蜡梅、红瑞木、黄刺玫、大花绣球、垂丝海棠、贴梗海棠、珍珠梅、紫荆、碧桃类、花石榴等。

3）竹类

淡竹、紫竹、斑竹、鸡毛竹、孝顺竹、箬竹、茶秆竹、凤尾竹、菲白竹等。

4）果木类

柿、无花果、果桑、山楂、果石榴、枣、桃、李、梅、杏、猕猴桃等。

5）草花

玉簪、石竹、大花秋葵、小菊类、芍药、鸢尾类、萱草、景天、忍冬、美人蕉、大丽花、百合、百枝莲、鸡冠花、枯叶菊、菊花、荷花、睡莲、水生鸢尾、水菖蒲等。

6）木质藤本

葡萄、紫藤、猕猴桃、常春藤、爬山虎、扶芳藤等。

7）草坪地被

白三叶、麦冬、葱兰、结缕草、高羊茅、百慕大、佛甲草、马尼拉、红三叶、剪股颖、黑麦草、早熟禾等。

知识拓展

（1）屋顶花园的植物景观建成后，要使其景观持续发展，发挥其应有的作用，就必须加强养护管理。立柱防风保持优美的整体形象，对生长不良的植物及时采取措施，如浇水、施肥、修剪、防治病虫害，及时清理枯枝落叶，注意排水，对于草花应及时更新，以达到无病虫害、肥水适当。

（2）屋顶绿化养护管理应根据当地的气候条件，灌溉间隔一般控制在10～15天。简单的屋顶绿化一般基质较薄，应根据植物种类和季节的不同，适当地增加灌溉次数，而不要过量浇水造成浪费，宜选择滴灌、微喷、渗灌等灌溉系统。

（3）一般采取控制水肥的方法或生长抑制技术，防止屋顶植物生长过旺而加大建筑荷载和维护成本。植物生长较差时，可在植物生长期内按照30～50g/m^{2}的比例进行施肥，每年施1～2次长效N、P、K复合肥即可，但是秋冬季节不宜施肥。

（4）树木在移植过程中根系和枝叶都会受到伤害，或者在生长过程中会有过度生长的现象发生。应根据植物的生长特性，定期进行整形修剪。

（5）如果发生病虫害，应采用对环境无污染或污染较小的防治措施，如人工及物理防治、生物防治、环保型农药防治等措施。

（6）根据植物抗风性和耐寒性的不同，采取搭风障、支防寒罩和包裹树干等措施进行防风防寒处理。使用的材料应具备耐火、坚固、美观的特点。

（7）要保持屋顶花园的清洁整齐，应以松土的方式及时除去树下和草皮中的杂草，并及时清理落叶，以利于生态景观的持续。

案例展示

一、江苏城市职业学院应天校区教学楼屋顶花园项目案例

1．规划设计阶段

规划设计阶段的效果图如图3-49～图3-52所示。

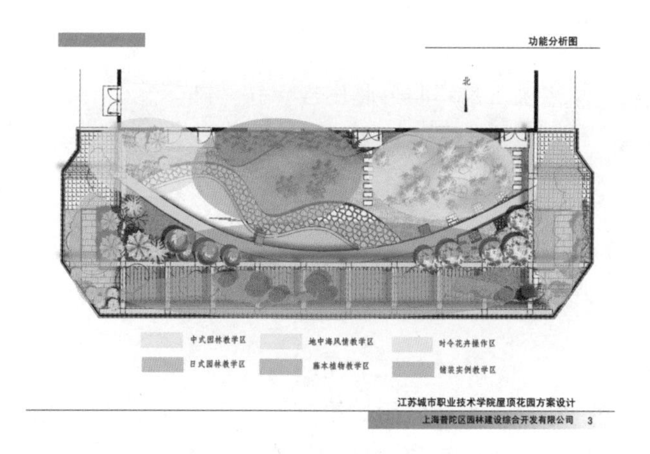

图3-49 屋顶花园功能分析图

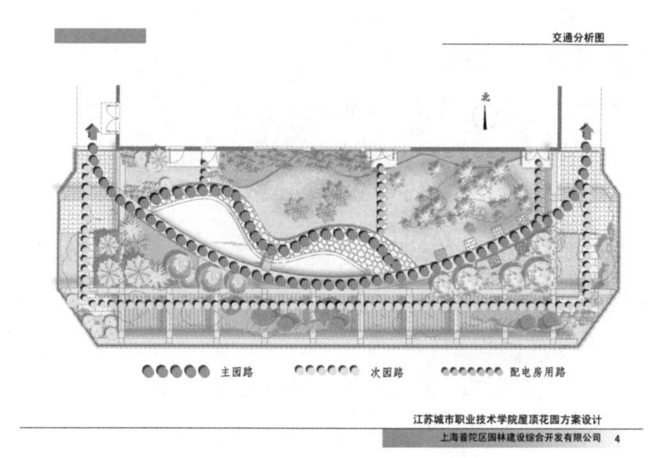

图3-50 屋顶花园交通分析图

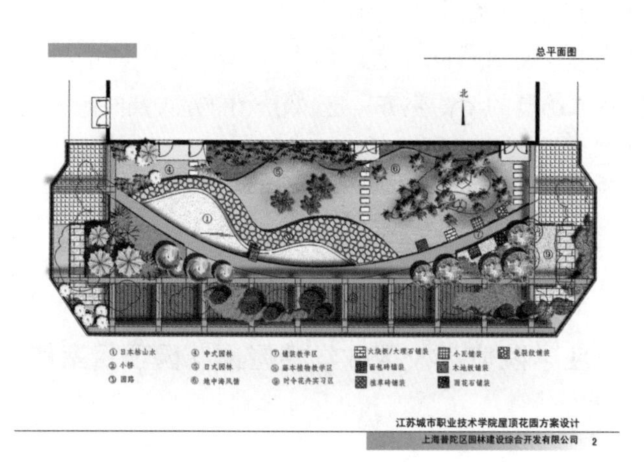

图3-51 屋顶花园总平面图

江苏城市职业学院【教學樓屋頂花園】景观设计

THE LANDSCAPE DESIGN OF ROOF GARDEN

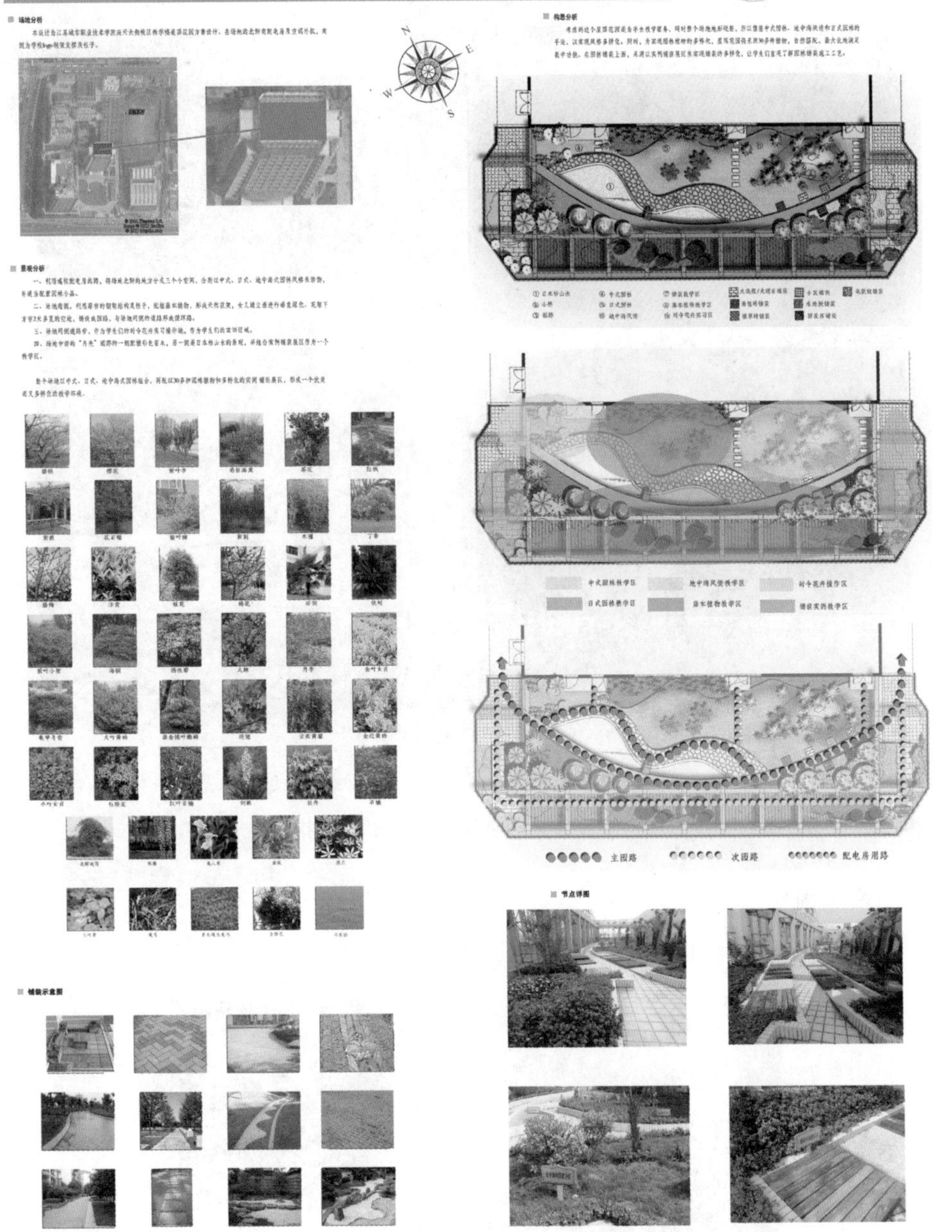

图3-52　江苏城市职业学院应天校区教学楼屋顶花园项目展板

2．现场施工阶段

现场施工阶段的情形如图3-53所示。

图3-53　江苏城市职业学院应天校区教学楼屋顶花园现场施工图片

3．实景图

屋顶花园实景图如图3-54和图3-55所示。

图3-54　江苏城市职业学院应天校区教学楼屋顶花园局部图

图3-55　江苏城市职业学院应天校区教学楼屋顶花园局部实景图

二、南京某单位附属公共游憩型屋顶花园项目案例

公共游憩型屋顶花园的平面图、效果图如图3-56、图3-57所示。

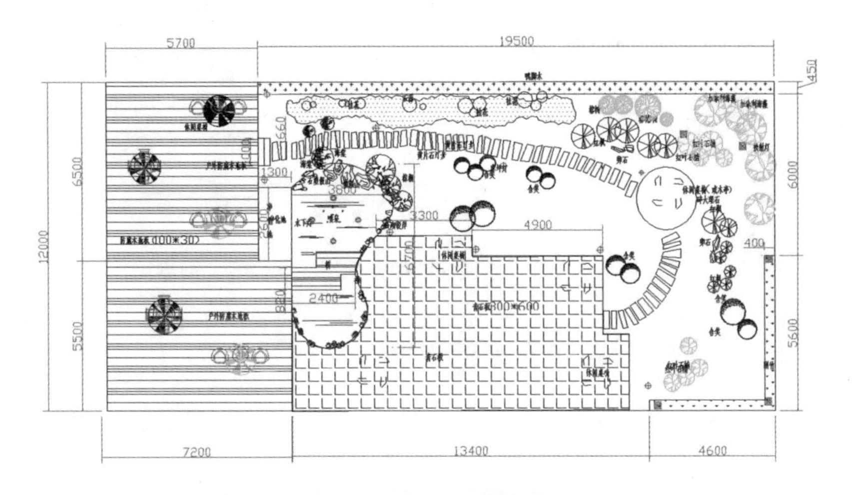

图3-56　某单位屋顶花园平面图

图3-57　某单位屋顶花园效果图

学生作品

一、某商业办公楼屋顶花园景观设计

某商业办公楼屋顶花园景观设计图如图3-58所示。

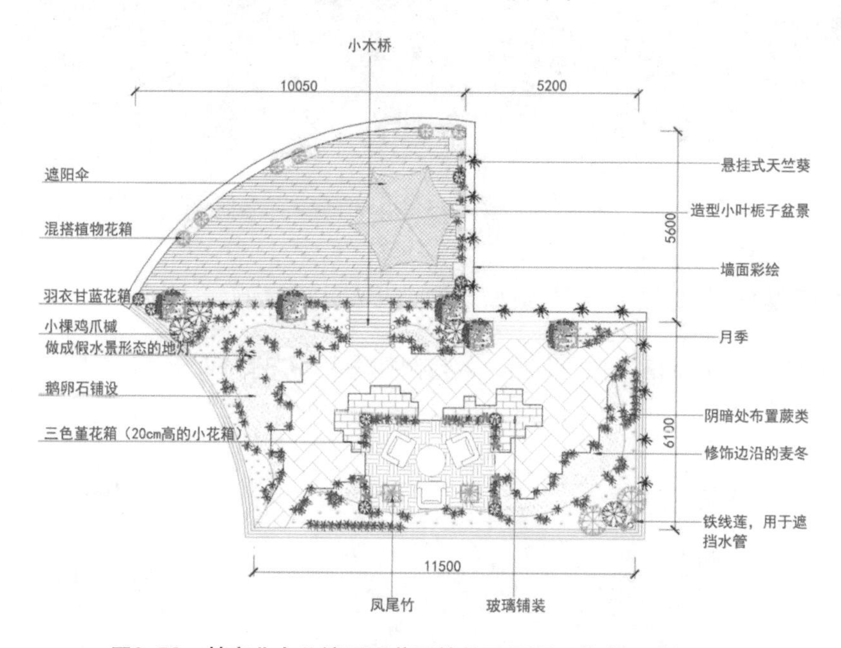

图3-58　某商业办公楼屋顶花园植物配置图（作者：周耀星）

二、南京某高校教学楼屋顶花园景观设计

南京某高校教学楼屋顶花园景观设计图如图3-59～图3-63所示。

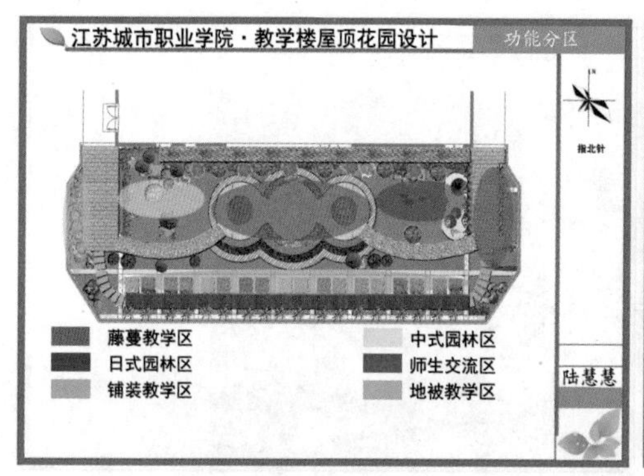

图3-59　教学楼屋顶花园功能分区图（作者：陆慧慧）

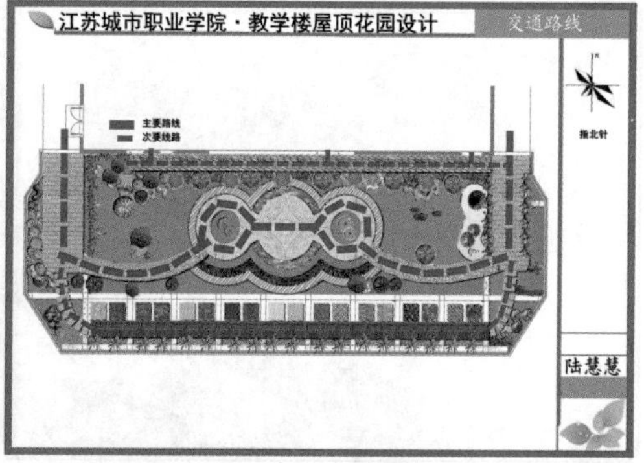

图3-60　教学楼屋顶花园交通图（作者：陆慧慧）

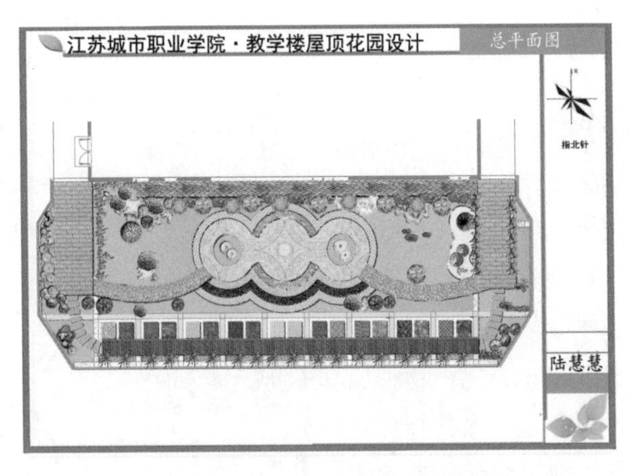

图3-61　教学楼屋顶花园总平面图
（作者：陆慧慧）

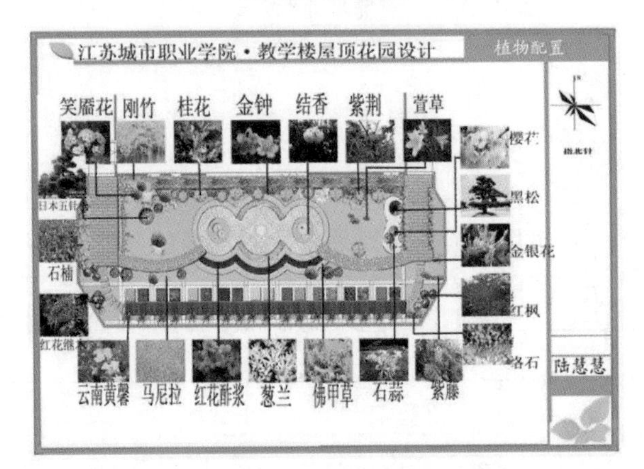

图3-62　教学楼屋顶花园植物配置图
（作者：陆慧慧）

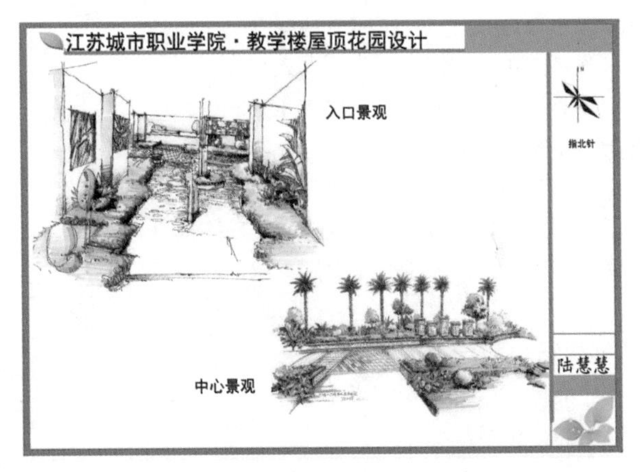

图3-63　教学楼屋顶花园节点效果图
（作者：陆慧慧）

项目设计依据

屋顶花园设计依据如下。

(1)《城市园林绿化技术操作规程》(DB51/510016—1998)。

(2)《屋面工程技术规范》(GB50345—2004)。

(3)《屋面工程质量验收规范》(GB50207—2002)。

(4)《江苏省园林绿化工程质量评定标准》。

(5)《江苏省城市园林绿化植物种植和养护技术规定》。

(6)《江苏省节约型园林绿化指导意见》。

(7)《江苏省节约型园林绿化范例集》。

(8)《江苏省城市绿化管理条例》。

实训任务

1. 实训任务单

《某屋顶花园规划设计》实训任务单

班级：________________ 指导教师：________________

姓名：________________ 学号：________________

实训名称	某商业办公楼屋顶花园景观设计	实训时间	
参与成员		实训场地	
实训目标	能力目标： (1) 能够进行小面积的环境测绘。 (2) 能够根据立地环境和要求进行屋顶花园设计。 (3) 掌握屋顶花园设计的安全性要求，做好防水、防漏设计。 (4) 规范绘制屋顶花园总平面图、立面图、效果图、施工图。 (5) 设计说明书、植物名录及材料统计、工程概预算。 (6) 制作文本和项目汇报PPT		
	知识目标： (1) 屋顶花园的定义、历史沿革、功能及特点。 (2) 屋顶花园的设计原则。 (3) 屋顶花园的植物种植设计。 (4) 屋顶花园设计注意事项：安全性，防水、防漏设计		

续表

实训步骤	(1) 现场勘查调查、与业主交流了解项目概况。 (2) 搜集当地气候条件、常用于屋顶的植物、各区位采光度、楼面承重、落水口等。 (3) 充分考虑到屋顶承重、防水、植物生长环境等多方面的因素，绘制草图并与业主沟通，听取修改意见。 (4) 规范制图，完成屋顶花园绿化总平面图、立面图、效果图、施工图、设计说明书、植物名录及材料统计、工程概预算、文本制作、项目汇报
实训要求	(1) 总体规划意图明显，注意屋顶花园设计的安全性要求，做好防水、防漏设计，布局合理，自成系统。 (2) 结合当地的自然条件，因地制宜地选择适合在屋顶生长的树种，符合构图要求，以植物绿化、美化为主，造景手法丰富，能咫尺现意境，空间效果较好，层次、色彩丰富。 (3) 图面表现能力强，设计图种类齐全，设计深度能满足施工的需要，线条流畅，构图合理，清洁美观，图例、文字标注、图幅符合制图规范。 (4) 设计说明书语言流畅，言简意赅，能准确地对图纸补充说明，体现设计意图。 (5) 方案绿化材料统计基本准确，有一定的可行性。 (6) 制作文本和项目汇报PPT
实训内容	(1) 基地现状调查：气候、地形、土壤、水系、植被、建筑、管线。 (2) 环境条件调查：景观特点、发展规划、质量状况、设施情况。 (3) 设计条件调查：基地现状图，地下管线图，主要建筑平、立面图。 (4) 基地分析。 (5) 方案设计阶段：功能关系图、功能分析图、规划总平面图。 (6) 详细设计阶段：局部平面图、立剖面图、透视图或鸟瞰图、设计说明书。 (7) 制作文本和项目汇报PPT
实训成果	(1) 屋顶花园总平面图、立面图、效果图、施工图。 (2) 设计说明书、植物名录及材料统计、工程概预算。 (3) 制作文本和项目汇报PPT
PPT汇报自评	
小组互评	
教师总评	

2．评分标准

序号	考核内容	分值	得分
1	屋顶花园功能分区图、总平面图	20	
2	屋顶花园局部节点详图、剖立面图	20	
3	屋顶花园植物种植图、硬质景观及铺装配置图	15	
4	屋顶花园鸟瞰图或局部效果图	15	
5	屋顶花园设计说明、植物名录及材料统计、工程概预算	10	
6	文本制作或展板设计(规范性、完整性、美观性)	10	
7	PPT汇报、项目介绍（考查表达能力、对屋顶花园规划设计能力的掌握程度）	10	
总分		100	

项目四

滨水绿地景观规划设计

学习目标

(1) 掌握滨水绿地景观设计的概念、原则与特点。

(2) 掌握滨水绿地景观设计的内容与方法。

(3) 能够灵活运用各景观元素配置原则进行滨水绿地景观设计。

(4) 掌握亲水性在滨水绿地景观设计中的应用。

(5) 能够规范绘制滨水绿地景观设计图，编写设计说明书、植物名录及材料统计。

(6) 能够进行文本制作及项目汇报 PPT。

提出任务

如图4-1所示，为江苏城市职业学院应天校区幸福河现状图。现要求在保留原有树种的基础上进行河滨绿地景观设计，校方要求除了满足绿地率、观赏功能、美化校园外，还要能够满足该学院城市园林专业学生进行滨水绿地模块部分的专业认识、实习和课程实训等功能。

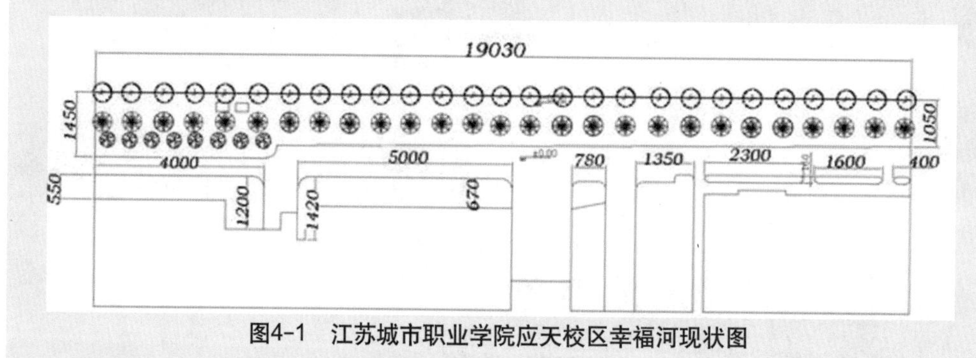

图4-1　江苏城市职业学院应天校区幸福河现状图

分析任务

结合建设单位的项目要求与园林规划设计项目的常规程序，将该任务分解为以下几项。

1．河滨绿地调查研究

(1) 基地现状调查：现场勘查测绘，调查气候、地形、土壤、水系、植被、建筑、管线。

(2) 环境条件调查：与甲方交流了解项目概况，明确设计要求与目标，包括景观特点、发展规划、质量状况、设施情况。

(3) 设计条件调查：主要收集基地现状图，现状树木位置图，地下管线图，主要建筑平、立面图等资料。

(4) 基地分析。

2．编制河滨绿地规划设计任务书

(1) 项目背景：介绍项目区位与定位。

(2) 滨水规划设计范围：项目规划红线具体尺度。

(3) 项目组织：按规划进度分成几个阶段完成。

(4) 规划设计的主要任务：总体要求、主要原则、主要功能。

(5) 规划设计成果：说明书、图纸。

3．河滨绿地总体规划设计

(1) 功能分区图：表达总体规划功能分区、图例、比例尺、指北针、文字标注等。

(2)总平面图：包括功能分区、道路广场、植物种植、硬质景观、地面铺装、比例尺、指北针、图例、尺寸标注、文字标注等。

4．河滨绿地局部详细设计

(1) 剖立面图：按照比例表现地形、硬质景观(建筑物、构筑物)、植物(按最佳观赏期表现)。

(2) 局部节点详图：表达局部景观节点、亮点。

(3) 鸟瞰图或效果图：表达最佳规划设计理念与设计主题。

5．设计说明书

设计说明书中应包含现状条件分析、规划原则、总体构思、总体布局、空间组织、景观特色要求、竖向规划、主要经济技术指标。

6．植物名录及材料统计

植物名录及材料统计是指本方案中使用或涉及的植物与材料图例、名称、规格、数量等。

7．工程概预算

工程概预算项目清单计价包括材料费、人工费、机械台班费等。

8．文本制作

文本制作是把以上项目成品资料进行统一整合成册，包括设计封面、扉页、封底、页眉、页脚、页码。

9．展板制作

根据展板制作要求对本项目的成品资料进行统一整合和排版。

10．项目汇报

制作项目汇报PPT。

知识储备

人类自古亲水，水对于人类来说有着一种内在的、与生俱来的持久吸引力。蓝天、阳光、水面、绿地都是人们最向往的地方，也是在园林景观设计要素中最迷人、最能互动的。

水能体现地域特色文化内涵，几乎每一座城市或多或少都有自己的水域，海、江、湖、河，都是城市最出彩的生命绿线，如图4-2～图4-4所示。

图4-2　宁静(瑞典马尔默明日之城)

图4-3　古城苏州水乡[①]

图4-4　澳大利亚马真塔海滨度假胜地

注：①图4-3来源于http://pic2.nipic.com.

一、滨水绿地的意义与功能

滨水绿地就是在城市中临河流、湖沼、海岸等水体，以带状水域为核心建设而成的具有较强观赏性和使用功能的一种城市公共绿地形式，是城市带状公园中最具有代表性的一种，也是城市中理想的生态走廊、最高质量的城市生态绿线。至2020年，南京建成区绿化覆盖率将达46.2%，人均公共绿地将达16.91m^2，其中就包括十里秦淮河风光带，如图4-5和图4-6所示。

图4-5　十里秦淮[1]

图4-6　灯火阑珊处[2]

1. 治理城市污染，改善生态环境

城市建设的迅猛发展，在给人们带来物质文明享受的同时，也给生态环境造成了不可避免的污染与破坏，扰乱了生态系统，破坏了生态平衡。通过对城市生命水域的保护性美化绿化，可以固堤护坡，防止水土流失，提高生态自我修复功能，可自然循环，实现城市生态系统的多样性，同时还可以改善当地气候条件，控制噪声污染，从根本上改善城市环境。

2. 美化城市，创造良好的人居环境

优美的河滨绿地可以提高城市绿地率，是市民休息娱乐的好去处。多样性的园林景观给人们带来了视觉美感与精神享受，提供了娱乐条件，如帆船、钓鱼、游泳、滑水、溜冰等娱乐活动，创造了良好的人居环境。如图4-7所示，在大型开阔的水域建设多功能经营性水上公园，以满足城市休闲娱乐的需要。

图4-7　开放性城市滨水绿地

注：①图4-5来源于http://imgsrc.baidu.com.

②图4-6来源于http://image.baidu.com.

二、滨水绿地造景原则

在进行滨水绿地规划设计的过程中，有些原则是我们必须遵循的。

1. 系统与区域原则

在进行滨水绿地设计时，对江、河、湖、海的汇水范围，从区域的角度，以系统的观点进行全方位的考虑。

(1) 控制水土流失，调配水资源使用，对重大水利和工程设施进行环境评价。

(2) 协调城市岸线和土地的使用，特别是要控制城市用地对水岸的侵占。

(3) 综合治理环境污染，特别是要做好污水截流和市政设施配套等。

2. 目标兼顾原则

城市水岸治理不单纯是解决防洪问题，还应该注重水体所具有的多方面作用，如运输功能，包括货运和客运；沿岸如有众多历史、文化和景观意义的古迹，可以开发旅游娱乐功能，补充城市自然要素，调节城市生态平衡。因此，必须统筹兼顾、整体协调。如图4-8所示的滨水绿带景观设计必须能够为此提供多样性的结构、功能组合，以满足现代化城市生活多样性的要求。

3. 生态设计原则

水岸和湿地往往是原生植物保护地，以及鸟类和动物的自然食物资源地和栖息地。如图4-9所示，北欧景观设计大师们倡导的人与自然和谐统一理念在滨水绿带的规划中再次体现：依据景观生态学原理，保护滨水绿带的生物多样性，形成水绿结合的生态网络，构架城市生态走廊，促进自然循环，增加景观异质性，实现景观的可持续发展。

图4-8 美国卡罗溪公园

图4-9 芬兰赫尔辛基城市生态型湖岸

4. 自然美学原则

保持水岸原有的自然线形，运用原有的天然景观元素进行，不因为人工造景而破坏自然天成的现状，强调植物造景，创造自然生趣，如图4-10和图4-11所示。

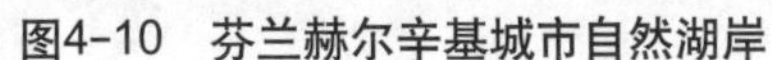

图4-10　芬兰赫尔辛基城市自然湖岸

图4-11　芬兰图尔库地区自然湿地

5．文化保护原则

滨水地区往往是人类生存的起源地，滨水绿带的自然景观设计应注重现代化与传统的交流和互动，维护历史文脉的延续性，合理地开发利用历史文化资源，塑造城市形象。

三、滨水绿地造景设计

结合城市总体规划，科学合理地组织各种景观元素，以植物造景为主，注重利用和保护已有的自然景观资源，因地制宜，形成错落有致、主次分明的与城市周边景观相呼应、具有亲水性水体生态护岸功能的景观体系。如图4-12和图4-13所示，南京奥体中心的中央花园就以开阔的湖面为主景，以现代造景元素为主，大面积的亲水平台、多形式的水上现代建筑、木栈道与湖光相辉映。

图4-12　南京中央花园多形式水上现代建筑

图4-13　南京中央花园（亲水平台）

(1) 滨水绿地植物配置上选用四季鲜明的、色彩和谐美观的，做到乔、灌、草、花立体配置，错落有致，季相变化丰富，形成多种层次与功能的复合型植物群落。在临水边种植耐水湿耐盐碱的树木，如垂柳、水杉、池杉等。南京绿博园·江苏园就是成功地运用植物配置的典型，体现了高低错落，一年四季有景可观，是造景的经典之作，如图4-14所示。

(a)　　(b)

图4-14　南京绿博园·江苏园复合生态配置

(2) 树木种植要注意林冠线的变化，不宜过于闭塞，要留出景观透视线，不妨碍观赏水景及借景。在面积狭小、采光较差的区域，植物选取以低矮乔灌为主，尽量营造通透开敞的绿色空间。选用红花继木、紫薇、五针松、菲白竹、鸡爪槭、三色堇等色彩明艳的观花观叶植物，在很大程度上点缀绿色空间，给人以温暖舒适的视觉效果，弥补了区域采光不足而阴暗的缺陷。如图 4-15 和图 4-16 所示，南京市银杏湖风景区四季花海摄影基地就体现了高低错落的林冠线与四季花灌木的色彩搭配。该园林小品在色彩配置上就显得丰富多彩、画面生动，如图 4-17 和图 4-18 所示。

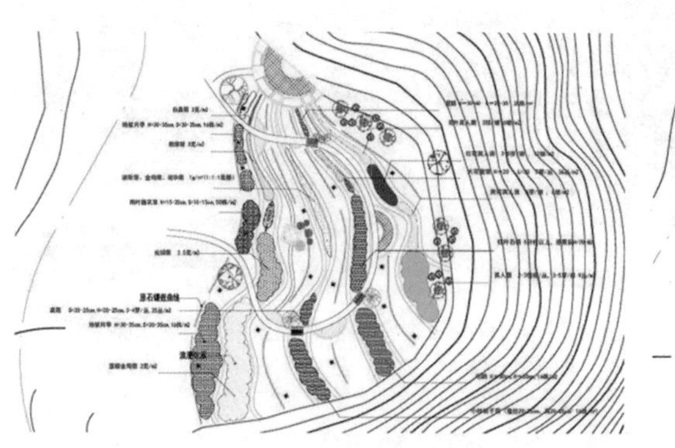

图4-15　南京银杏湖花灌木种植设计图

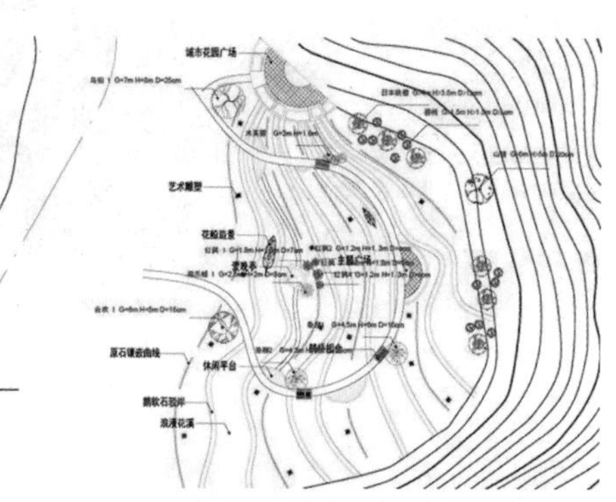

图4-16　南京银杏湖乔木种植设计图

图4-17　色彩明艳的植物配置

图4-18　万绿丛中几点红

（3）滨水道路的绿化，除具有遮阴功能外，有时还具有防浪、固堤、护坡的作用，如图4-19所示。斜坡上要种植草皮，以免水土流失，也可起到美化环境的作用。滨水林荫路的游步道与车行道之间应尽可能用绿化带隔离开，以保证游人安全。

图4-19　南京某小区林荫路

（4）合理配置建筑小品，如码头、亭、台、阁、榭、廊、花架、景墙、山、石、椅、凳、栏杆、木栈道、碎铺园路、园灯、指示牌等贯穿其中，点缀空间，营造亲水平台，满足人人、人景互动的需求。南京南湖公园在广阔的湖面设置不同造型的亲水平台与木栈道，如图4-20所示，并在沿岸广场点缀各类造型的雕塑，活跃城市休闲空间，如图4-21所示，或在水岸设置色彩明艳的、具有构成美感的景廊，展现现代城市园林，如图4-22所示。

图4-20　南京南湖公园曲折型木栈道

图4-21　南京南湖公园广场雕塑

图4-22　南京中央公园具有构成美感的景廊

四、驳岸设计

驳岸设计是最能展现滨水景观特色的，也是最能出彩的，水域与陆地如何完美地衔接是整个设计成功的关键。

1．园林驳岸按断面形状分类

园林驳岸按断面形状可分为整形式和自然式两类，如图4-23～图4-26所示。

(1) 整形式：基本上是规则式布局的园林中的水体，常采用整形式直驳岸，也称为垂直驳岸，是用石料、砖或混凝土等砌筑成的整形岸壁。

(2) 自然式：对于小型水体和大水体的小局部，以及自然式布局的园林中水位稳定的水体，或有植被的缓坡驳岸，常采用自然式山石驳岸。

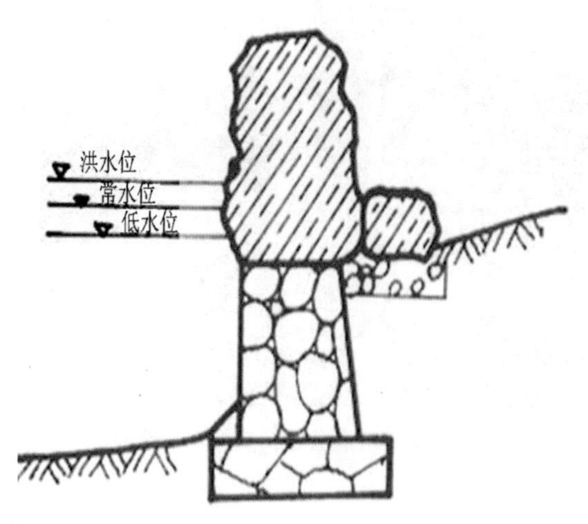

图4-23　传统整形式驳岸

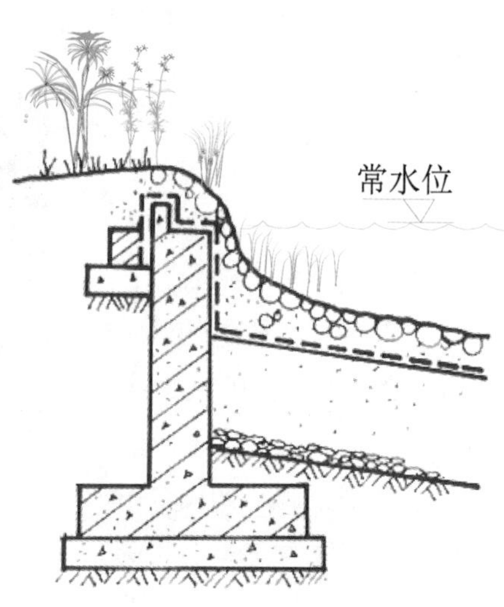

图4-24　现代整形式驳岸

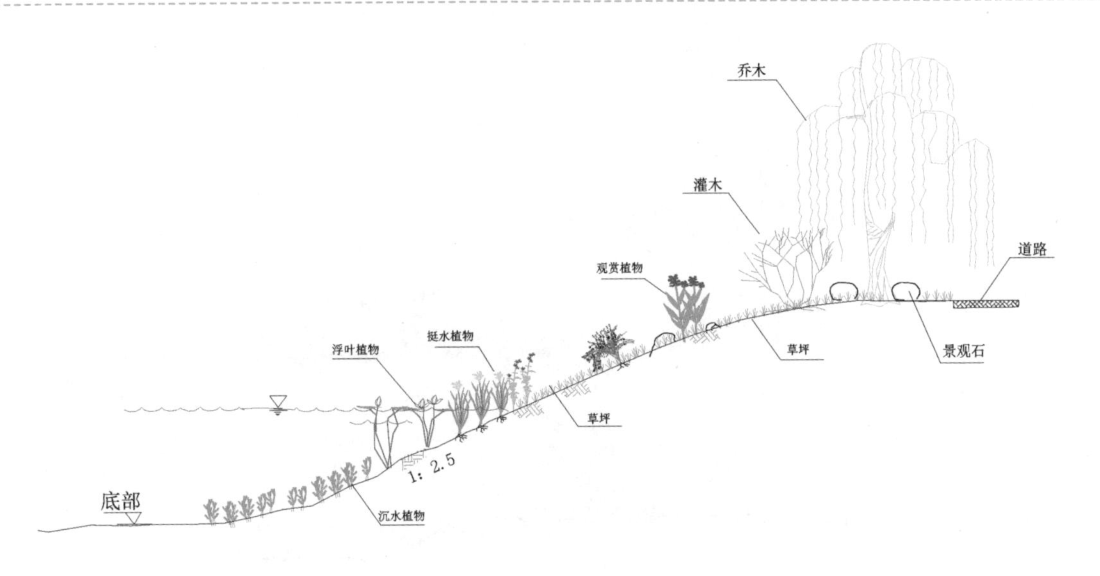

图4-25　自然式驳岸(1)

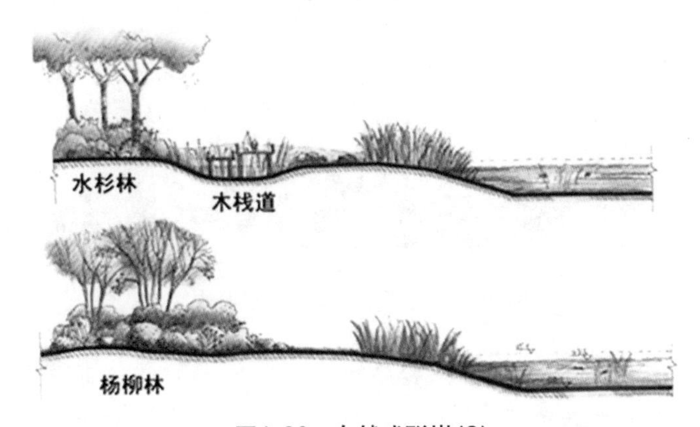

图4-26　自然式驳岸(2)

2．驳岸造型

驳岸的造型通常要根据滨水现状进行合理的因地制宜的设计。

(1) 阶梯状台地驳岸：遇水岸与水面高差很大，水位不稳定的水体，将驳岸修筑成阶梯式台地，既可使高差降低，又能适应水位涨落，如图4-27所示。

图4-27　阶梯状台地驳岸

(2) 挑檐式驳岸：水延伸到岸檐下，檐下水光掠影，如同船只，能产生绿地在水面上的漂移感，如图4-28和图4-29所示。

图4-28 人工非自然型挑檐式驳岸

图4-29 人工自然型挑檐式驳岸

通常驳岸设计是最能体现地形与水岸变化的造型手段，沿岸硬质景观(建筑物、构筑物与植物的最佳观赏效果)一向是景观设计的重点，如图4-30所示。

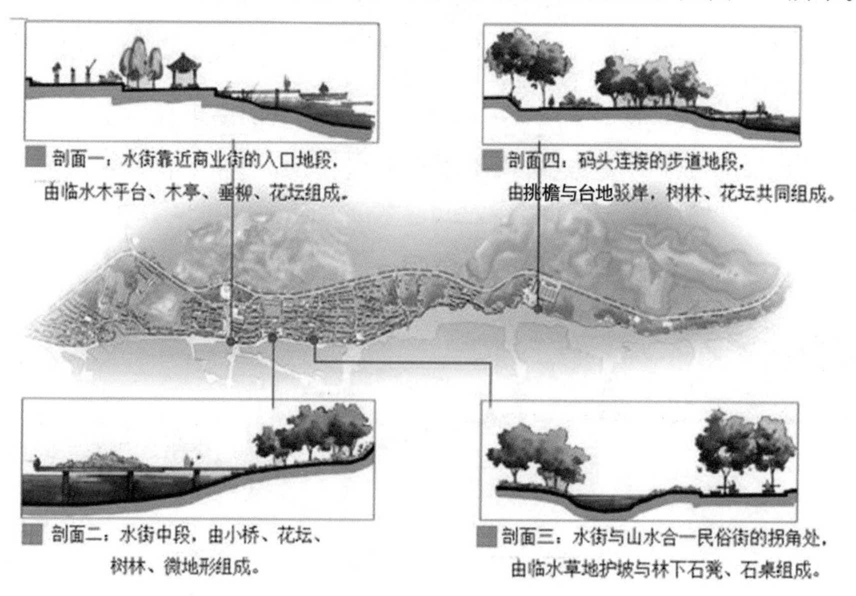

图4-30 滨水剖面图

(3) 石砌斜坡：即先将水岸整成斜坡，然后顺着斜坡，用不规则的岩石砌成虎皮状的护坡，用以加固水岸；或用条石护坡修成整齐的坡面。其适用于水位涨落不定或暴涨暴落的水体，如图4-31～图4-34所示。

图4-31 海与家之间(瑞典马尔默明日之城)

图4-32 苏州金鸡湖自然石堆

图4-33 扬州瘦西湖黄石驳岸

图4-34 南京南湖公园条石护坡

(4) 混凝土斜坡：大多用于水位潮汐变化较大的水体，如图4-35所示。

图4-35 某滨水混凝土斜坡[①]

注：①图4-35来源于http://image.baidu.com.

(5) 混合驳岸：根据不同水岸的地理特征或造景需求，混合使用混凝土斜坡与石砌斜坡，如图4-36所示。

图4-36 苏州金鸡湖混合驳岸

五、河滨林荫道设计要求

河滨林荫道在功能与布局上要求体现与众不同的特点：展示水面所给予的开阔优美感，使在路上散步、休息的居民能够见到水面的优美景观；同时也要为泛舟水上的游人考虑，使其能欣赏到岸上的景观及沿街的建筑艺术，不能中断街景和水面远景的联系，如图4-37所示。

图4-37 常熟虞山公园春色①

1. 林荫道设计

(1) 河滨道路的绿化一般在临水一侧设游步道(最好不小于5m)，尽量接近水边，便于游人亲水、赏景，如图4-38和图4-39所示。

图4-38 瑞典斯德哥尔摩图书馆公园

图4-39 南京南湖公园水岸护栏

注：①图4-37来源于http://image.baidu.com.

(2) 如果水面不是很宽，而两岸景观优美，可以适当设计贴近水面的木栈道，既可作为景观通道，又可作为亲水平台，如图4-40和图4-41所示。

图4-40　南京某滨水木栈道

图4-41　水岸手绘作品

(3) 在水位较稳定的地方，驳岸应尽可能砌筑得低一些，以满足人们的亲水需求，如图4-42所示。在水位较低的地方，可根据滨水路地势的高低，运用自然落差设计1～2层平台，可使游人贴近水面，有亲切感，如图4-43所示。

图4-42　南京南湖公园亲水石岸

图4-43　南京南湖公园阶梯式亲水台阶

(4) 把水面开阔，能行船和游泳(设游船码头)的水域设计成游园，可作商业经营，以容纳更多游人；可考虑树木种植成行(采用自然式布局多用风致式树丛，树木可结合花灌木配植于散步道内侧，散步道靠岸一侧多不种植乔灌木，以免影响观景视线或其根系延伸破坏驳岸)，岸边高栏杆(90～100cm)，设置座椅等。如图4-44所示，南京莫愁湖的湖中画廊与桃花相互映衬。

图4-44　金陵第一景（南京莫愁湖）

（5）规划形式因地制宜、因势利导，尽量保持原生态形式，以自然地形为主，保留自然天成的滨水景观，如图4-45和图4-46所示。

图4-45　瑞典斯德哥尔摩森林墓地

图4-46　岛

（6）为保护河湖池岸免遭河水，雨水、波浪和地下水的冲刷而崩塌，设计永久性驳岸。

（7）一些突出河岸线的半岛地带是最具有风景表现力和吸引力的地方，可考虑与城市文化相结合，规划设计为标志性雕塑、纪念碑、小游园、广场或具有特殊意义的建筑，如图4-47所示。

（8）在台地或斜坡上，以坡道或木栈道结合平台可布置各类园林小品，如图4-48所示。

图4-47　南京南湖公园

图4-48　南京红山动物园

2．植物配置

建立一个由乔灌林、草滤带、挺水植物带、沉水植物带和漂浮植物带构成的，形成与水体——湿地——滨水景观——陆地景观——人工环境的模式相适应的完整植物景观生态系统，如图4-49～图4-53所示。

图4-49　南京绿博园·江苏园

图4-50　滨水植物景观（作者：李晓晨）

图4-51　南京莫愁湖春花烂漫

图4-52　滨水植物景观(作者：唐春红)

图4-53　丰富多彩的水生植物配置

知识拓展

（1）一般情况下，河滨林荫道的一侧是城市建筑，滨水景观绿地的建设可以看作是在建筑和水体之间设置一种特殊的道路绿带。如果水面不十分宽且对岸无风景时，滨河路可以布置得较为简单，除车行道和人行道之外，临水一侧可修筑游步道，树木种植成行，驳岸地段可设置栏杆，树间设座椅，供游人休憩，如图4-54和图4-55所示。

图4-54　河滨护栏

图4-55　树间座椅[①]

（2）若沿岸风光绮丽，沿水边就应设置较宽阔的绿化地带布置游步道、草地、花坛和座椅等园林设施，以满足人们沿水岸散步赏景的需要，如图4-56和图4-57所示。

注：①图4-55来源于http://123hm.com.

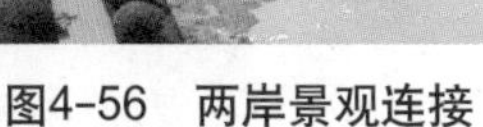

图4-56　两岸景观连接

图4-57　亲水空间

(3) 在具有天然坡岸的地方，可以采用自然式布置游步道和树木，凡未铺装的地面都应种植灌木或铺栽草皮，如有顽石布置于岸边，将使沿岸景色更显自然，如图 4-58 所示。

(a)

(b)

图4-58　南京红山动物园

(4) 如果水面非常开阔，适于开展游泳、划船等活动时，在夏天和节假日就会吸引大量游人。这种地方应设计成滨河公园，如图4-59和图4-60所示。

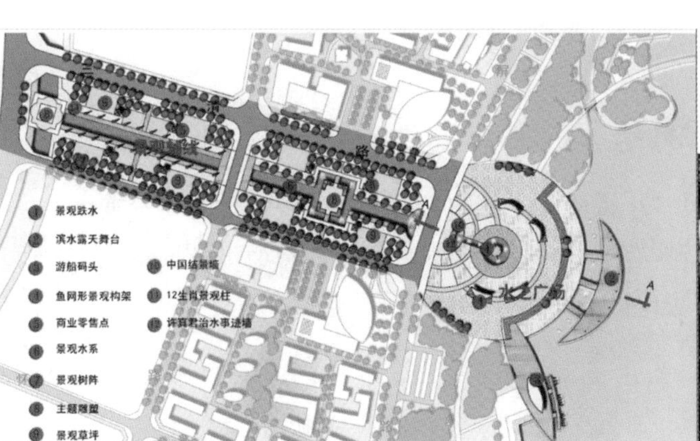

图4-59　滨河公园总平面图

图4-60　滨河公园效果图

案例展示

一、马尔默明日之城

在滨水景观设计的优秀案例中，瑞典的马尔默明日之城就是把人本与自然景观完美诠释的经典之作，处处流露出北欧人尊重自然、人与环境自然合一的生存理念，如图4-61所示。

图4-61　瑞典马尔默明日之城

二、苏州胥江河公园东段景观设计项目

苏州水域诸多，是典型江南水乡“小桥流水人家”，在滨水景观设计时要着重考虑把苏州园林文化，如苏州建筑所特有的地方特色，人文历史底蕴通过各景观元素的整合与提炼最大化地展现出来，如图4-62～图4-64所示。

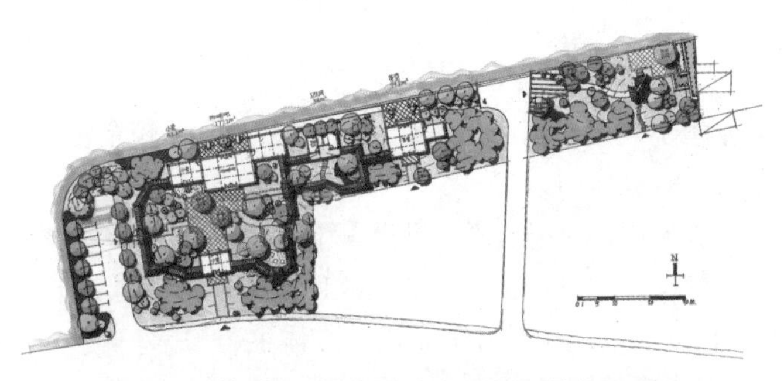

图4-62　苏州胥江河公园东段景观设计总平面图

图4-63　苏州胥江河公园东段景观设计鸟瞰图

图4-64　苏州胥江河公园东段景观设计节点效果图

学生作品

江苏城市职业学院应天校区幸福河绿地规划设计项目(校企合作)。

1．分析项目，明确设计目标阶段

在经过多轮选拔后组成项目团队，根据项目进行分工，与建设方沟通，分析任务书，重点应把握好设计的目标、场地的性质以及绿地的功能要求。

(1) 建成与城市周边景观相呼应的亲水性水体生态护岸。

(2) 营造功能性生态校园景观。

(3) 景观营造与职业教育功能结合，建成城市园林专业植物资源实训基地。

(4) 展现具有高等职业教育特色的校园景观文化。

2．河滨绿地调查阶段

江苏城市职业学院应天校区位于六朝古都——南京市的建邺区，处在河西新城中央，占地 99 亩，南临高架，北邻街，西临秦淮河内河——幸福河，校园内现有中心广场、教学楼屋顶花园、学生宿舍广场、体艺馆等绿地，绿化面积 19991m^2，绿地率达到 31.65%。

3．河滨绿地规划设计阶段

河滨绿地规划设计阶段包括基地现状图、设计说明、规划总平面图、植物配置图、节点详图、节点效果图、剖面图、树池剖面图、施工平面图、节点平面图、树池施工剖面图、景观亭施工图和清单报价。

整个景观带植物配置做到乔、灌、草、花立体配置，错落有致，季相变化丰富，形成多种层次与功能的复合型植物群落，成为学院城市园林专业植物资源实训基地，也可作为学院植物科普基地，成为充满知识和趣味的室外大课堂，如图4-65～图4-67所示。

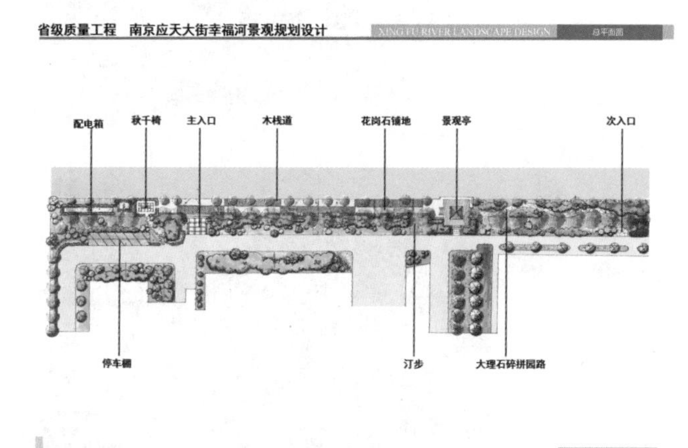

图4-65　幸福河景观项目总平面图(来自“江苏省高等学校大学生实践创新训练计划项目”)

(作者：周耀星)

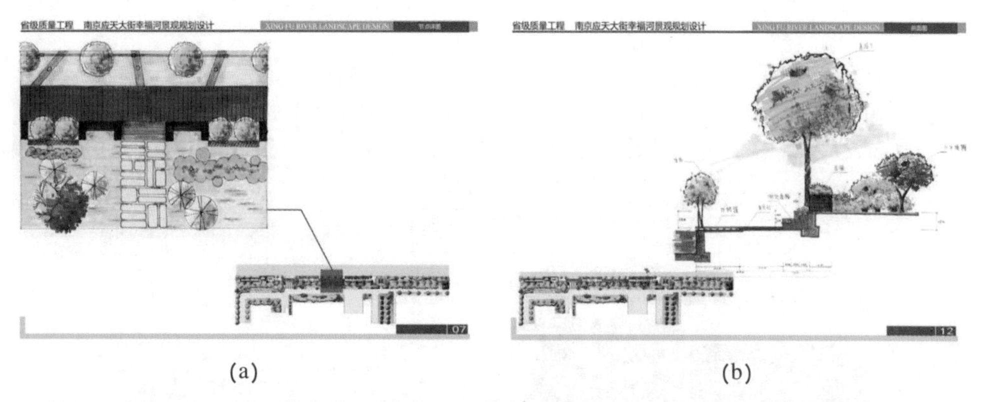

图4-66　幸福河景观项目节点详图(来自“江苏省高等学校大学生实践创新训练计划项目”)
(作者：刘昱)

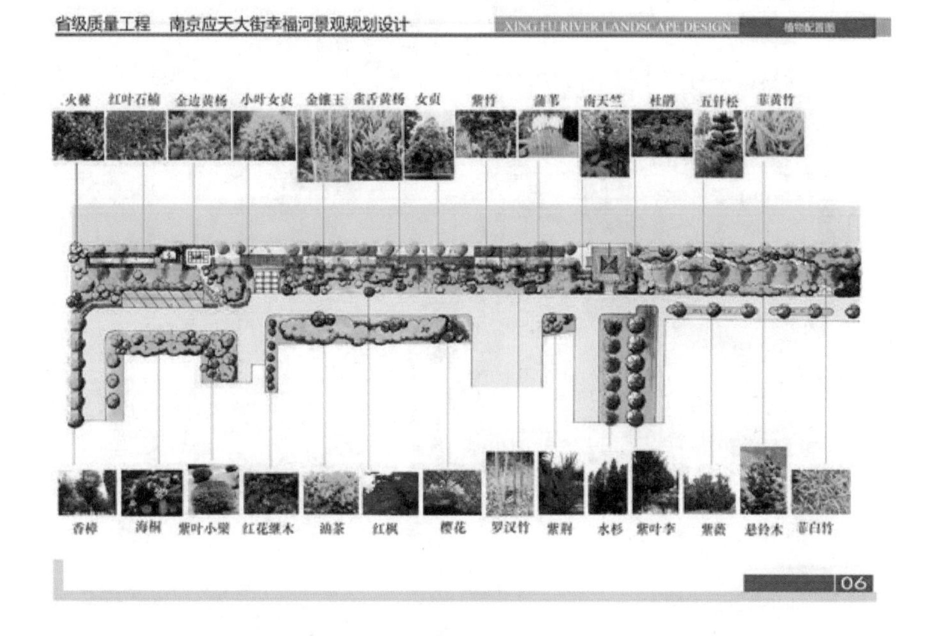

图4-67　幸福河景观项目植物配置图(来自“江苏省高等学校大学生实践创新训练计划项目”)
(作者：高丽)

4．文本制作、项目汇报阶段

在城市园林专业师生共同组建的团队的努力下，“江苏城市职业学院应天校区幸福河绿地规划设计”项目于2010年6月获得江苏省教育厅关于《江苏省高等学校大学生实践创新训练计划项目》立项，2010年12月结题，展板设计如图4-68所示。

该项目于2011年1月13日参加在上海举办的“第二届高职高专教育土建类专业教学指导委员会城镇规划与园林类分指导委员会第二次工作会议暨毕业设计比赛”，并获得二等奖。

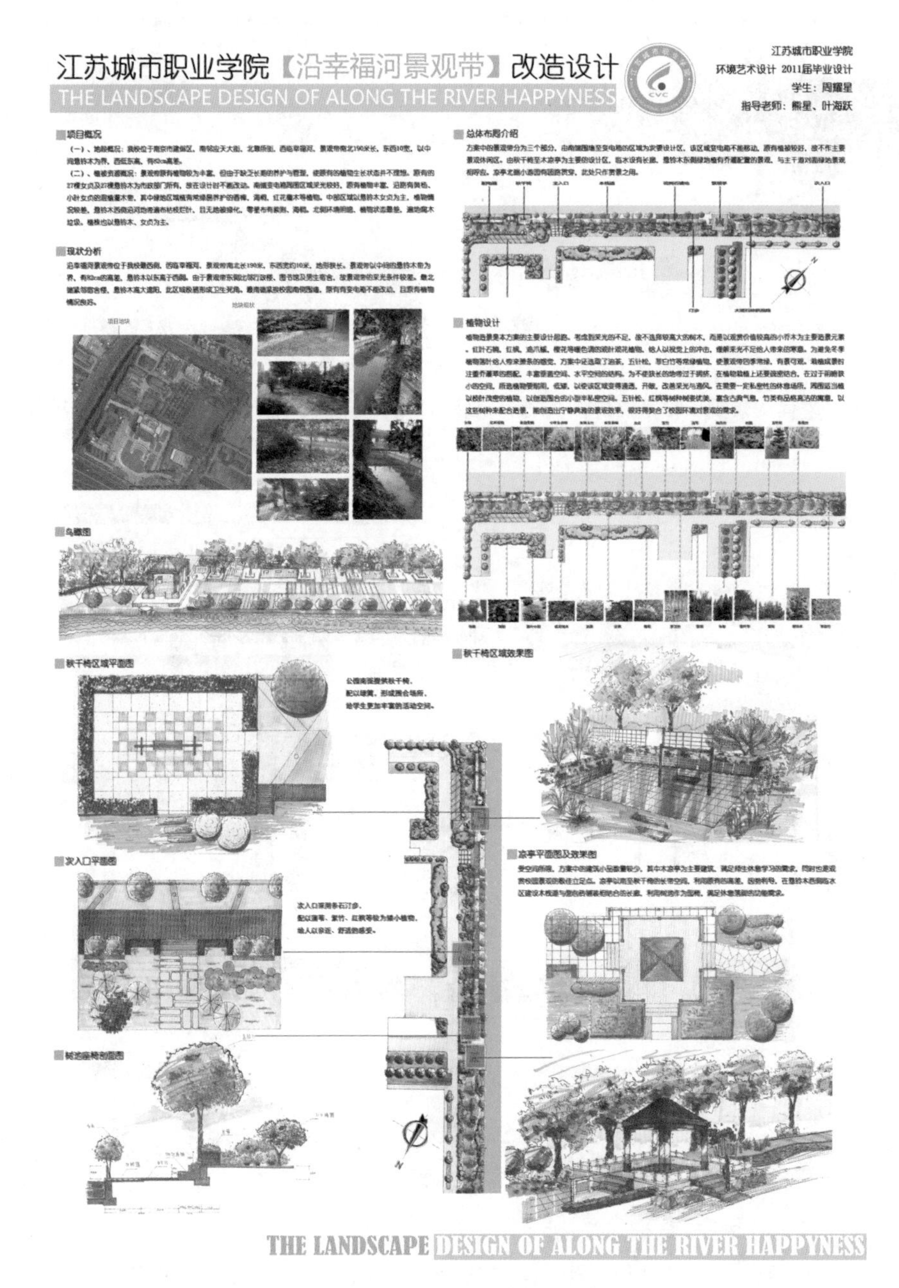

图4-68　江苏城市职业学院应天校区幸福河绿地规划设计项目展板
（作者：刘宏祥）

5．校园滨水绿地实景赏析

经过校企合作，教学团队与学生共同参与，反复论证与修改，该项目于2011年3月进行工程施工，2011年6月竣工验收，成为学院师生共同学习、交流，兼备实训教学的校园滨水景观，如图4-69所示。

图4-69　江苏城市职业学院应天校区校园滨水绿地实景

项目设计依据

滨水绿地项目设计一般有以下依据。

(1)《城市园林绿化技术操作规程》(DB51/510016–1998)。

(2)《城市绿化条例》。

(3)《江苏省城市居住区和单位绿化标准》。

(4)《江苏省城市绿化管理条例》。

(5)《江苏省园林绿化工程质量评定标准》。

(6)《江苏省城市园林绿化植物种植和养护技术规定》。

(7)《江苏省节约型园林绿化指导意见》。

(8)《江苏省节约型园林绿化范例集》。

实训任务

1. 实训任务单

《某城市滨水绿地规划设计》实训任务单

班级：________________ 指导教师：________________

姓名：________________ 学号：________________

<table>
<tr><td>实训名称</td><td colspan="2">亲水广场规划设计
亲水廊道规划设计</td><td>实训时间</td><td></td></tr>
<tr><td>参与成员</td><td colspan="2"></td><td>实训场地</td><td></td></tr>
<tr><td colspan="2">实训
目标</td><td colspan="3">能力目标：
(1) 滨水绿地的概念与特点。
(2) 滨水绿地在城市中的作用。
(3) 滨水景观绿地设计的内容与方法。
(4) 规范绘制滨水景观功能分区图、总平面图、立面图、效果图、施工图。
(5) 设计说明书、植物名录及材料统计。
(6) 制作文本和项目汇报PPT</td></tr>
</table>

续表

实训目标	知识目标： (1) 城市滨水绿地设计的内容与方法。 (2) 亲水性在滨水绿地设计中的应用。 (3) 城市滨水绿地设计特点。 (4) 城市滨水绿地设计各景观元素的配置原则。 (5) 城市滨水绿地设计的种植类型。 (6) 城市滨水绿地设计的相关知识。 (7) 城市滨水绿地设计的特点与原则
实训步骤	(1) 现场勘查、与甲方交流了解项目概况。 (2) 搜集水文资料，对现有景观与文化进行保留与应用，实用观赏与生态功能并重。 (3) 绘制草图与甲方沟通、进行方案分析、听取修改意见。 (4) 规范制图，完成滨水绿地功能分区图、总平面图、立面图、效果图、施工图、设计说明书、植物名录及材料统计、文本制作、项目汇报PPT
实训要求	(1) 总体规划意图明显，符合滨水绿地性质、功能要求，布局合理，亲水性强，集实用观赏与生态功能于一体，自成系统。 (2) 种植设计树种选择正确，能因地制宜地运用种植类型，符合构图要求，造景手法丰富，能与道路、地形地貌、山石水、建筑小品相结合。空间效果较好，层次、色彩丰富。 (3) 图面表现能力强，设计图种类齐全，设计深度能满足施工的需要，线条流畅，构图合理，清洁美观，图例、文字标注、图幅符合制图规范。 (4) 设计说明书语言流畅、言简意赅，能准确地对图纸进行补充说明，体现设计意图。 (5) 方案绿化材料统计基本准确，有一定的可行性。 (6) 制作文本、项目汇报 PPT
实训内容	结合下图地形，设计亲水广场或亲水廊道。 要求： (1) 长度为60m、宽度为40m，进行滨水绿地规划设计。 (2) 等高线高差为1m
实训成果	(1) 滨水绿地功能分区图、总平面图。 (2) 重点景观剖立面图至少2张。 (3) 节点效果图至少2张。 (4) 植物配置图、铺装配置图。 (5) 设计说明书。 (6) 植物名录及材料统计。 (7) 制作文本、项目汇报PPT

04

续表

PPT汇报自评	
小组互评	
教师总评	

2．评分标准

序号	考核内容	分值	得分
1	滨水绿地功能分区图、总平面图	20	
2	滨水绿地局部节点详图、剖立面图	20	
3	滨水绿地植物种植图、硬质景观及铺装配置图	15	
4	滨水绿地鸟瞰图或局部效果图	15	
5	滨水绿地设计说明，植物名录及材料统计，工程概预算	10	
6	文本制作或展板设计(规范性、完整性、美观性)	10	
7	PPT汇报、项目介绍(考查表达能力、对滨水绿地规划设计能力的掌握程度)	10	
总分		100	

项目五

城市广场景观规划设计

学习目标

(1) 了解各类城市广场的功能与特点。
(2) 能够根据广场的性质、功能及特点，分析判定其布局形式。
(3) 能够根据广场现状，分析各类城市广场的规划设计特点、绿化设计特点。
(4) 了解城市广场规划设计原则、原理。
(5) 了解城市广场规划设计的程序。
(6) 根据设计要求和现状条件，合理地完成广场的功能分区。
(7) 掌握城市广场的布局形式及出入口设计。
(8) 掌握城市广场景观构思的基本方法。
(9) 能够按照园林制图规范准确地绘制相关图样。

提出任务

如图5-1和图5-2所示为某城市站前广场的用地图。现要求根据城市广场绿地设计的相关知识完成相应的图纸和文本文件。

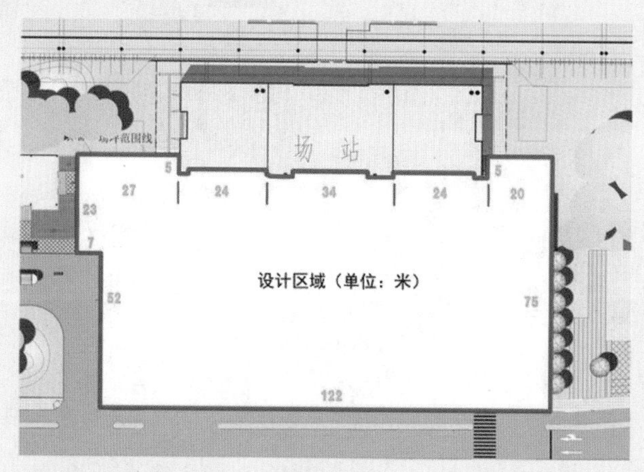

图5-1　某城市站前广场景观规划设计用地图(单位：m)

图5-2　某城市站前广场用地模拟效果图

分析任务

通过图5-1和图5-2，我们发现此广场规划设计涉及与周围环境协调、广场内部功能与外部交通联系以及广场主要景观内容和植物配置等方面的问题，具体体现在以下五个方面。

(1) 结合当地环境特点巧妙构思，广场主题明确，设计能够体现出文化内涵和地方特色。

(2) 如何设计能够满足站前广场的不同功能要求，布局合理，并解决站前广场大量人流的功能性需求?

(3) 如何因地制宜地确定广场中的主要景观和内容设施，体现多种功能并突出主要功能?

(4) 如何选择合理并能正确地运用合理的植物种植形式，符合构图规律，造景手法丰富，注意色彩、层次变化，能与道路、建筑相协调，产生较好的空间效果?

(5) 如何合理地配置广场铺装，并搭配不同材质、尺寸的铺装形式以及对行人的视线引导?

根据业主和市民对广场的设计要求以及园林规划设计项目的常规程序，将该任务分解为以下几方面。

1. 现场调查研究

(1) 基地现状调查：现场勘查测绘，调查气候、地形、土壤、水系、植被、建筑、管线。

(2) 环境条件调查：与业主交流，明确设计要求与目标，包括风格、特色、造价等。

(3) 设计条件调查：主要建筑平、立面图，现状树木位置图、地下管线图。

2. 编制城市广场设计任务书

(1) 项目背景：介绍项目区位与定位。

(2) 项目规划设计范围：项目规划具体尺寸。

(3) 项目组织：按规划进度分成几个阶段完成。

(4) 规划设计的主要任务：总体要求、主要原则、主要功能。

(5) 规划设计成果：说明书、图纸。

3. 城市广场总体规划设计

城市广场总体规划设计总平面图包括：功能分区、园路、植物种植、硬质铺装、比例尺、指北针、图例、尺寸标注、文字标注等。

4．城市广场景观局部详细设计

(1) 剖立面图：按照比例表现地形、硬质景观(建筑物、构筑物)、植物(按最佳观赏期表现)。

(2) 局部节点详图：表达局部景观节点、亮点。

(3) 效果图：表达最佳规划设计理念与设计主题。

5．设计说明书

设计说明书应包含现状条件分析、规划原则、总体构思、总体布局、空间组织、景观特色要求、竖向规划、主要经济技术指标。

6．植物名录及材料统计

植物名录及材料统计是指本方案中使用或涉及的植物与材料图例、名称、规格、数量等。

7．工程概预算

工程概预算的项目清单计价包括材料费、人工费、机械台班费等。

8．文本制作

文本制作是把以上项目成品资料进行统一整合成册，包括设计封面、扉页、封底、页眉、页脚、页码。

9．展板制作

根据展板制作要求对本项目的成品资料进行统一整合和排版。

10．项目汇报

制作项目汇报PPT。

知识储备

一、城市广场概况

(一) 城市广场的概念

城市广场是为满足多种城市生活需要而建设的，以建筑、道路、山水、地形等围合，由多种软、硬质景观构成，采用步行交通手段，具有一定的主题思想和规模的结点型城市户外公共活动空间。城市广场具备公共性、开放性和永久性三个特征，它是城市空间环境中最具有公共性、最富有艺术魅力、最能反映城市文化特征的开放空间，有着城市“起居室”和“客厅”的美誉，如图5-3和图5-4所示。

图5-3　威尼斯的会客厅圣马可广场

图5-4　赫尔辛基议会广场

(二) 城市广场的特点

随着城市的发展，各地大量涌现出的城市广场，已经成为现代人户外活动最重要的场所之一。城市广场不仅丰富了市民的文化生活，改善了城市环境，同时也折射出当代特有的城市广场文化现象，成为城市精神文明的窗口。在现代社会的背景下，城市广场面对现代人的需求，表现出以下基本特点。

1．性质上的公共性

城市广场作为现代城市户外公共活动空间系统中的一个重要组成部分，随着工作、生活节奏的加快，传统封闭的文化习俗逐渐被现代文明开放的精神所代替，人们越来越喜欢丰富多彩的户外活动，如南京的汉中门广场，在保留了南京古城门和城墙等文脉的同时，开拓空地，为市民营造具有文化意味的休闲空间，如图 5-5 所示。

图5-5　南京汉中门广场

2．功能上的综合性

功能上的综合性特点表现在满足多种人群的多种活动需求，它是广场产生活力的最原始动力，也是广场在城市公共空间中最具魅力的原因所在。城市广场应满足的是现代人户外多种活动的功能要求，如年轻人聚会、老人晨练、歌舞表演(见图5-6)、综艺活动、休闲购物等。

图5-6　哥本哈根市政广场观看表演的市民

3. 空间场所上的多样性

现代城市广场功能上的综合性，必然要求其内部空间场所具有多样性特点，以达到不同功能都得到实现的目的。如歌舞表演需要有相对完整的空间，使表演者的“舞台”或下沉或升高；情人约会需要有相对封闭私密的空间；儿童游戏需要有相对宽敞独立的空间等。所有这些综合性的功能都需要多样性的空间创造与之相匹配，如图5-7和图5-8所示。

图5-7 南京汉中门广场的开敞空间

图5-8 南京汉中门广场的半围合空间

4. 文化上的休闲性

现代城市广场作为城市的“客厅”，是反映现代城市居民生活方式的“窗口”，注重舒适、追求放松是人们对现代城市广场的普遍要求，从而表现出文化上的休闲性特点，如图5-9所示。

图5-9 在上海人民广场上休闲的市民

（三）城市广场的常见类型

城市广场的类型通常是按广场的功能性质、尺度关系、空间形态、平面组合、剖面形式、材料构成、平面组合和剖面形式等方面划分的。

1．按功能性质划分

城市广场的性质取决于它在城市中的位置与环境、相关的主体建筑与主体标志物以及其功能等，城市广场越来越倾向于综合性发展。因此，分类也仅能以该广场的主要性质进行归类，一般可分为以下几类。

1）市政广场

市政广场是在市政府和城市中心所在地，面积较大，通常可组织交通、游览，需要时进行集会游行。广场上的主体建筑是室内的集会空间，又是室外广场空间序列的对景。广场应成为前景，衬托建筑立面。为加强稳重庄严的整体效果，建筑群一般呈对称分布，标志性建筑位于轴线上，以硬地铺装为主，如图5-10所示。

图5-10　沈阳市政广场[①]

2）纪念广场

城市纪念广场题材非常广泛，涉及面很广，可以是纪念人物，也可以是纪念事件，如南昌的八一广场，就是为纪念“八一南昌起义”建造的广场，如图5-11所示。通常纪念广场中心或轴线上以纪念雕塑、纪念碑、纪念建筑或其他形式纪念物为标志。纪念广场的大小没有严格限制，只要能达到纪念效果即可。因为通常要容纳众人举行缅怀纪念活动，所以应考虑广场中具有相对完整的硬质铺装地，而且要与主要纪念标志物保持良好的视线或轴线关系。

注：①图5-10来源于http: //img.blog.163.com.

图5-11　南昌八一广场

3）交通广场

交通广场是城市交通系统的有机组成部分，起交通、集散、联系、过渡及停车的作用。交通广场有两类：一类是城市多种交通会合转换处的广场，如火车站站前广场，如图5-12所示；另一类是城市多条干道交会处的交通广场，如环行交叉口和桥头广场。

图5-12　南京火车站站前广场[①]

4）休闲广场

在现代社会中，休闲广场已成为广大市民最喜爱的重要的户外活动空间。它是供市民休息、娱乐、游玩和交流等活动的重要场所，其位置常常选择在人口较密集的地方，以方便市民使用，如街道旁、市中心区、商业区甚至居住区内，如图5-13所示。休闲广场的布局不像市政广场和纪念性广场那样严肃，往往灵活多变，空间自由多样，但一般与环境结合很紧密，广场的规模也可大可小，没有具体的规定，主要根据现状环境来考虑。

注：①图5-12来源于http: //xsrb.xsnet.cn.

5）文化广场

文化广场是为了展示城市深厚的文化积淀和悠久历史，经过深入挖掘整理，从而以多种形式在广场上集中地表现出来。因此，文化广场应有明确的主题，可以说是城市的室外文化展览馆。一个好的文化广场应让人们在休闲中了解该城市的文化渊源，从而达到热爱城市、激励上进的目的。如南昌赣江市民公园中的傩文化广场，把江西特有的傩文化面具雕刻成景观柱，展示了当地独特的文化特征，如图5-14所示。

图5-13　北京西单广场的休闲旱喷

图5-14　南昌赣江市民公园中的傩文化广场

6）古迹广场

古迹广场是结合城市的遗存古迹保护和利用而设的城市广场，它生动地代表了一座城市的古老文明程度。古迹广场是表现古迹的舞台，一般以古迹为出发点组织广场景观，如图5-15所示。

图5-15　西安大雁塔广场

7）宗教广场

宗教广场常常设在宗教建筑群外部，尤其是入口处一般都设置了供信徒和游客集散、交流、休息的广场空间，同时也是城市开放空间的一个组成部分。宗教广场设计应该以满足宗教活动为主，尤其要表现出宗教文化氛围和宗教建筑美，通常有明显的轴线关系，景物也是对称布局，广场上的小品以与宗教相关的寓意或饰物为主。如图5-16所示为静安寺广场上把寺庙圣水和景观结合营造的"静安涌泉"景观。

图5-16　上海静安寺广场"静安涌泉"

8）商业广场

商业广场是城市广场中最常见的一种，以步行环境为主，内外空间相互渗透。苏州工业园区的圆融时代广场，室内外交融，营造出灵活的商业氛围，如图5-17所示。

2. 按其他要素划分

除了按照广场的功能性质划分外，城市广场还可以按照尺度关系、空间形态、平面组合、剖面形式和材料构成等进行分类。

按不同的尺度划分，城市广场可分为特大型广场（见图5-18）、中小型广场。

图5-17　苏州圆融时代广场

图5-18　特大型广场：北京天安门广场

按不同的空间形态划分，城市广场可分为开敞性广场、封闭性广场。

按不同的剖面形式划分，城市广场可分为平面型广场、立体型广场，立体型广场又可分为上升式广场和下沉式广场，如图5-19所示。

此外，城市广场还可以按不同材料构成、按不同平面组合等划分为不同种类的广场。

图5-19　上海人民广场中的下沉式广场

二、城市广场的规划原则

城市广场是城市道路交通系统中具有多种功能的空间，是人们进行文化休闲活动的中心，也是公共建筑集中的地方。因此，广场在性质、规模、标准以及与整个城市及周边用地的空间组织、功能衔接和交通联系等方面均需要进行充分的考虑。在景观设计中除应符合国家有关规范的要求外，一般还应遵循以下原则。

1. “以人为本”原则

城市广场的使用应充分体现对“人”的关怀，古典广场一般没有绿地，以硬地或建筑为主；现代广场则出现了大片的绿地，并通过巧妙的设施配置和交通、竖向组织，实现广场的“可达性”和“可留性”，强化广场作为城市公众中心场所精神。现代广场的规划设计以“人”为主体，体现“人性化”，其使用进一步贴近人们的生活。

(1) 广场要有足够的铺装硬地供人活动，同时也应保证较大的广场绿地面积为人们遮挡夏天烈日，丰富景观层次和色彩，如南昌秋水广场的周边提供了大型乔木给市民纳凉，如图5-20所示。

图5-20　南昌秋水广场中的大型乔木

(2) 广场中需有坐凳、饮水器、公厕、电话亭、小售货亭等服务设施，而且还要有一些雕塑、建筑小品、喷泉等充实内容，使广场更具有文化内涵和艺术感染力，如图5-21和图5-22所示。只有做到设计新颖、布局合理、环境优美、功能齐全，才能充分满足广大市民大到高雅艺术欣赏、小到健身娱乐休闲的不同需要。

图5-21　上海人民广场的半圆形坐凳

图5-22　上海人民广场的艺术浮雕

(3) 广场交通流线组织要以城市规划为依据，处理好与周边的道路交通关系，保证行人安全。除交通广场外，其他广场一般都限制机动车辆通行。

(4) 广场的建筑小品、绿化、物体等均应以“人”为中心，时时体现为“人”服务的宗旨，处处符合人体的尺度，如图5-23所示。

图5-23　南京某广场符合“人”的尺度的绿化和坐凳

2．地方特色原则

城市广场的地方特色既包括自然特色，也包括社会特色。

首先，城市广场应突出其地方社会特色，即人文特性和历史特性。城市广场建设应承继城市当地本身的历史文脉，适应地方风情民俗文化，突出地方建筑艺术特色，有利于开展地方特色的民间活动，避免千城一面、似曾相识之感，增强广场的凝聚力和城市的旅游吸引力。例如，济南泉城广场，代表的是齐鲁文化，体现的是“山、泉、湖、河”的泉城特色，如图5-24所示；南昌的八一广场，体现的是八一南昌起义革命精神与红色文化；西安的钟鼓楼广场，注重把握历史的文脉，把广场与钟楼、鼓楼有机地结合起来，具有鲜明的地方特色，如图5-25所示。

图5-24　以水为主题的济南泉城广场[①]

图5-25　具备厚重历史的西安钟鼓楼广场[②]

其次，城市广场还应突出其地方自然特色，即适应当地的地形地貌和气温气候等。城市广场应强化地理特征，尽量采用富有地方特色的艺术手法和本土植物，体

注：①图5-24来源于http: //lsfc.expo-shandong.cn.

②图5-25来源于http: //images3.ctrip.com.

现地方山水园林的特色，以适应当地气候条件，如北方广场强调日照、南方广场则强调遮阳等适应当地气候条件的造景手段。例如海南三亚的海月广场，运用热带大乔木营造出当地热带特有的景观效果，也给市民和游客提供了良好的遮阳避暑之地，如图5-26所示。

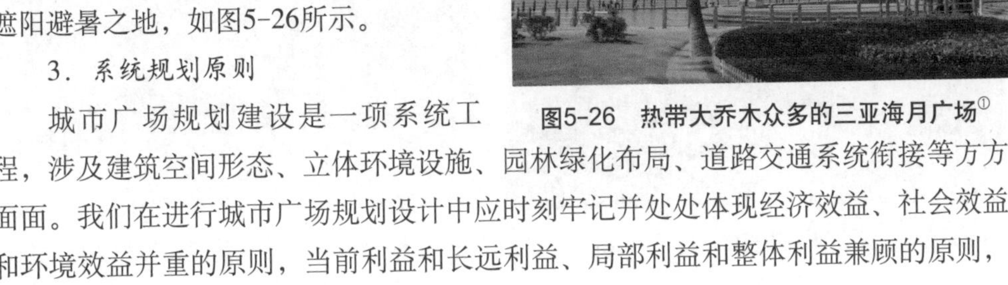

图5-26　热带大乔木众多的三亚海月广场[①]

3．系统规划原则

城市广场规划建设是一项系统工程，涉及建筑空间形态、立体环境设施、园林绿化布局、道路交通系统衔接等方方面面。我们在进行城市广场规划设计中应时刻牢记并处处体现经济效益、社会效益和环境效益并重的原则，当前利益和长远利益、局部利益和整体利益兼顾的原则，切不能有所偏废、厚此薄彼。

4．突出主题原则

城市广场无论大小如何，应先明确其功能，确定其主题。围绕着主要功能，广场的规划设计就不会跑题，就会有“轨迹”可循，也只有如此才能形成特色和内聚力与外引力。城市广场是交通广场、商业广场，还是融纪念性、标志性、群众性于一体的大型综合性广场，要有准确的定位。在规划设计中应力求突出城市广场在塑造城市形象、满足人们多层次的活动需要与改善城市环境(包括城市空间环境和城市生态环境)的三大功能，并以体现时代特征为主旨，整体考虑广场景观规划。

三、城市广场景观设计手法

城市广场景观设计往往从公众使用、生态绿化和城市景观三方面出发，以满足公众需要为目的，并且要在一定程度上展现城市的风貌和文明程度。

1．城市广场景观构思

首先，在进行城市广场景观的设计过程中，应考虑到广场具有实用和美观的双重作用。根据不同广场的特点和性质，它们的双重作用表现不均衡。对于某些广场，如市政广场、宗教广场、纪念广场等，应该主要考虑广场的精神意义，认识到其在特定的城市、特定的环境中的作用，并营造出广场特色，表现其时代性、民族性和地方性。如图 5-27 所示。另一部分广场，如休闲广场、商业广场等，在景观设计

注：①图5-26来源于http: //pic8.nipic.com.

过程中，应主要考虑其功能性，考虑其通行原则和休憩设施或其他实用性设施的安置，营造实用性的空间环境，如图 5-28 所示。

图5-27　巴黎埃菲尔铁塔广场强调其纪念意义[①]

图5-28　南京某休闲广场强调通行和休憩功能

2．城市广场景观布局设计

城市广场景观设计需要根据广场的类型，确定广场的面积大小，既要有满足大多数人集体活动的大空间，也要有适合小集体和分散活动的小空间。在设计中要避免出现功能区划分混乱和不同性质功能的使用区相互干扰的现象。

(1) 在设计广场景观的过程中，若广场面积很大，它应被分成若干小空间来给使用者提供不同感受的环境。

(2) 可以利用高差变化、多样化的种植和座椅布置来创造小空间，小空间应彼此隔离，同时又不会让使用者在空间中产生孤独感。如图 5-29 所示的南京某休闲广场通过变化的树池来营造丰富的小空间。小空间的尺度应恰当，从而使人们在独坐或周围仅有几个人时不会觉得恐惧或疏远。

图5-29　南京某广场丰富的树池阵列营造的小空间

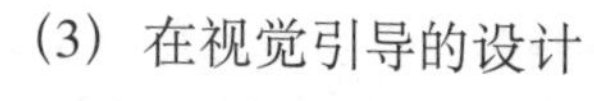

(3) 在视觉引导的设计中，常常需要利用绿化等要素延伸到道路红线范围内，把行人的注意力吸引到广场

注：①图5-27来源于http: //www.aiwill.net.

上去。如图5-30所示的南京某休闲广场，在边界上利用花池和灯束吸引人们的注意力。

(4) 广场边界应设计许多凹凸空间以便为使用者提供多样化的歇坐和观看机会，如图5-31所示为南京某休闲广场在广场边界处利用树池阵列为人们提供多种休憩方式。此外，还应考虑广场和邻近建筑之间在视觉和功能上的过渡。

图5-30　南京某休闲广场以花池作为边界

3. *城市广场景观流线设计*

广场设计是一个艺术创作过程，更是创造了一个实质的空间环境，所以，既要考虑到人们的精神需要，同时更要考虑到人们的行为需要。因此，城市广场的空间流线设计要简洁、明确，让人们使用方便。下面为景观流线的设计方法。

图5-31　南京某广场边缘丰富的树池阵列

(1) 城市广场主要以步行为主，应利用由广场铺装、园路、步道等组成的人行系统把广场的各个功能区域连接起来，如图5-32所示。

(2) 应该考虑在交通高峰期从人行道到建筑入口之间人们可能会走的直线路径，且广场的布局应能使人们方便地到达周围的咖啡馆、银行或零售商店等服务场所。

图5-32　南京某广场硬质铺装为主的步道

(3) 如需要或希望引导人流，应利用墙体、花池、围栏、地面高程或材质的明显变化等形成空间障碍来达到目的。如图5-33所示为杭州滨江新区某广场，利用树池、水池、地面高程等方式引导人流。

(4) 广场的设计应适应步行者在空间中心行走而闲坐者位于空间边缘的规律。如图5-34所示为杭州新区某广场草坪边缘放置的坐凳，为行人提供了较好的休憩场所。

图5-33　杭州滨江新区某广场的引导人流手段

图5-34　杭州新区某广场草坪边缘的坐凳

(5) 广场应适应残疾人、年老者、推儿童车的父母需要，需设置残疾人通道。如图5-35所示为上海外滩广场结合浮雕的残疾人通道。

4．城市广场景观设计要求

(1) 广场绿地布局应与城市广场总体布局统一，使绿地成为广场的有机组成部分，从而更好地发挥其主要功能，符合其主要性质要求。如图5-36所示为大连的星海广场，与大海、高楼融为一体，体现出大连特有的城市布局。

图5-35　上海外滩广场结合浮雕的残疾人通道

图5-36　大连星海广场鸟瞰①

(2) 广场绿地景观应具有清晰的空间层次，独立或配合广场周边建筑、地形等形成良好的、多元的、优美的广场空间体系，如图5-37所示。

注：①图5-36来源于http: //imgsrc.baidu.com.

(3) 广场绿地的功能与广场内各功能区相一致，更好地配合和加强该区功能的实现，如在人口区植物配置应强调绿地的景观效果，休闲区规划则应以落叶乔木为主，冬季的阳光、夏季的遮阳都是人们户外活动所需要的。如图5-38所示为东北沈阳市府广场，广场在植物配置上采用落叶乔木，让冬天的广场阳光普照。

图5-37　秋水广场较好地体现了水城南昌的特质

图5-38　沈阳市府广场的落叶乔木①

(4) 广场绿地景观设计应考虑到与该城市绿化总体风格协调一致，结合地理区位特征，物种选择应符合植物的生长规律，突出地方特色，如图5-39所示。

(5) 广场绿地景观设计结合城市广场环境和广场的竖向特点，以提高环境质量和改善小气候为目的，协调好风向、交通、人流等诸多因素。

(6) 广场绿地景观设计对城市广场上的原有大树应加强保护，保留原有大树有利于广场景观的形成，有利于体现对自然、历史的尊重，如图5-40所示。

图5-39　南昌秋水广场种植的大量香樟

图5-40　南京汉中门广场保留的高大乔木

四、城市广场种植设计

植物种植设计既是一门科学，又是一门艺术。完善的植物种植设计，既要考虑其生态习性，又要熟悉它的观赏性能；既要了解植物自身的质地、美感、色泽及绿

注：①图5-38来源于http: //img.blog.163.com.

化效果，又要注意植物种类间的组合群体等与四周环境的协调，以及具体的地理环境条件。这样才能充分发挥植物绿化美化的特性，为城市广场景观增色添辉。

(一) 城市广场绿地种植形式分类

城市广场绿地种植形式可分为排列式种植、集团式种植和自然式种植等种植类型。

1. 排列式种植

排列式种植形式属于整形式，主要用于广场周围或者长条形地带，用于隔离、遮挡或作背景。单排的绿化栽植，可在乔木间加植灌木，灌木丛间再加种花卉，但株间要有适当的距离，以保证有充足的阳光和营养。乔木下面的灌木和花卉要选择耐阴品种，并排种植的各种乔灌木在色彩和体型上要注意协调。如图 5-41 所示为南京某休闲广场在与周边建筑接触的边缘地带采用排列式种植，较好地营造了植物景观的空间层次。

图5-41　南京某休闲广场排列式种植

2. 集团式种植

集团式种植也是整形式的一种，是为避免成排种植的单调感，把几种树组成一个树丛，有规律地排列在一定地段上。这种形式有丰富、浑厚的效果，排列整齐时远看很壮观，近看又很细腻，可用花卉和灌木组成树丛，也可用不同的灌木或(和)乔木组成树丛，如图5-42所示。

3. 自然式种植

自然式种植形式与整形式不同，是在一个地段内，花木种植不受统一的株行距限制，而是疏落有序地布置，从不同的角度望去有不同的景致，生动而活泼。这种布置不受地块大小和形状的限制，可以巧妙地解决与地下管线的矛盾，如图 5-43 所示。自然式树丛的布置要密切结合环境，才能使每一种类植物茁壮生长，同时，在管理工作上的要求也较高。

图5-42　南京某休闲广场集团式种植

图5-43　南京某休闲广场自然式种植

(二) 城市广场种植设计需注意的问题

1．植物种植的多样化

城市广场应该利用多样化的植物来提高并丰富使用者对于颜色、光线、地形坡度、气味、声音和质地变化的感受。在需要看到其他空间的地方，应选择较通透的羽状叶植物或其他半开敞的树种。如图 5-44 所示的北京西单广场，采用较为通透的银杏作为分隔空间的植物，保证了空间与空间之间的开敞性。

图5-44　北京西单广场银杏分隔空间

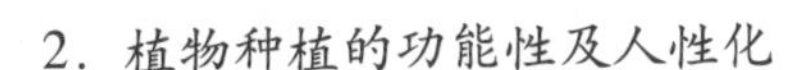

2．植物种植的功能性及人性化

城市广场在种植设计中应考虑其功能性。例如，如果广场必须下沉，所种植的树木应能很快长到人行道地面的高度。

在植物种植设计时，还应考虑人性化的要求。

(1) 在多风的广场，为减轻浓密枝叶和大风混合造成的潜在破坏，应选择树冠开敞的树木，如图 5-45 所示。

图5-45　南京某休闲广场树池内选用分支点高、冠幅大的乔木

(2) 如果树池设置了座椅，树池内的乔木应选用分支点较高、冠幅较大的树木，在提供良好遮阴的同时，树枝不会压迫休憩者的头部。

(3) 应设置足够的座位以防止人们坐进绿化区，从而破坏植被。

(4) 花池的座墙应足够宽，以防人坐进花池内部。

(5) 在广场临靠建筑的时候，利用树木来遮挡邻近的建筑墙体，如果有需要，应能让阳光照到建筑窗前。

知识拓展

城市广场铺装设计

铺装作为主要的景观要素在城市广场的景观设计中占有重要的地位，它是与人的视线相接触最频繁的界面，人们在广场中的活动也都主要依附于它。适宜的铺装设计既能有效地烘托出环境的氛围，又能表现出一定的文化内涵，较好地呈现出城市广场的特色。

1. 铺装的图案

铺装的图案在平面的构成要素中有点、线和形之分。

广场上的线形不但能给人安定感，同一波形曲线的反复使用具有强烈的节奏感和指向作用，会给人安静而有条理的感觉。折线显示动态美，沿着道路轴线的弯曲线会让人感觉到一种缓慢的节奏。形状、大小相同的三角形反复出现的图案具有极强的指向作用；而形状、大小相同的四边形反复出现的图案会因有条理而给人安定感，如图5-46所示。圆形图案是将广场用同心圆和放射线组构的图案，它具有极大的向心性。每一种铺装形态都能给人带来不同的情绪和审美感，甚至蕴含更深一层的含义。

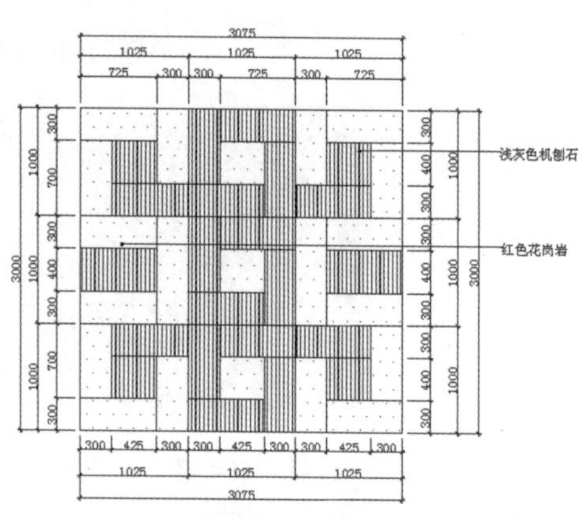

图5-46　广场铺装中四边形的重复出现给人以稳定性

铺装设计中还能引入当地传统工艺品的设计内涵，将地域特色要素以绘画的形式表现在单体铺装的彩绘砖、浮雕上面，包括历史事项、祭礼、以当地为场景的歌词意境内容、特色建筑、自然景观和动植物，使城市广场的特色更加鲜明。

2．铺装的尺度

铺装尺度感的把握也很重要，大尺寸给人以大气和整体统一的感觉，而小尺寸稠密铺装会给人细腻的质感。如图5-47所示为赫尔辛基某街头休闲广场的大尺寸的碎拼铺装，给人们以整体粗犷的效果。同样是碎拼，南宁朝阳广场的小尺寸的碎拼铺装给人们造成细致的视觉感受，如图5-48和图5-49所示。

图5-47　赫尔辛基某街头休闲广场碎拼铺装

图5-48　南宁朝阳广场的碎拼铺装

图5-49　南宁朝阳广场的碎拼铺装细节

3．铺装的色彩

铺装材料的色彩在设计中有着重要的作用。为了使广场更富有个性，视觉上更易判断，可以采用按功能的不同来改变铺装的色彩。彩色、有特点的广场铺装能够体现广场的地域性，使其与整个城市的色调统一。如图5-50和图5-51所示为南宁的五象广场，其丰富的色彩较好地体现了当地少数民族自治区的地域特色。总之，我们要根据广场的性质决定铺装的色彩，而对于配色来说，色彩间的协调是最重要的。

图5-50　南宁五象广场色彩斑斓的铺装

图5-51　南宁五象广场的碎拼铺装细节

4．铺装的材料

不同的铺装材料所包含的尺度也不同，要根据具体情况具体分析。不同的广场类别需要通过不同的铺装表现，同一个广场内部会运用不同的铺装材料，如图5-52所示。虽然城市广场主要以石制铺装材料为主，但木质铺装材料、烧制铺装材料等均可以在城市广场中辅助选用。

广场铺装既要考虑与广场环境的协调，又要顾及广场功能的发挥、市民的使用，特别是那些能够代表一座城市风貌的城市广场。在强调其个性、亲切、愉悦的环境特征的同时，要注意地面铺装方面的上述几项关键点，使之成为城市的象征，创造出充满自然魅力和以人为本的城市环境空间。

5．广场边缘铺装处理

城市广场空间与其他空间的边界处理是很重要的。如果广场边缘不清，尤其是广场与道路相邻时，将会使人产生到底是道路还是广场的混乱感与模糊感。因此在设计中，广场与其他地界如人行道的交界处，应有较明显的区分，这样可使广场空间更为完整。如图5-53所示为南京某休闲广场，其和道路交界边缘在铺装材质上作出明显区分，有效地界定了广场的边界。

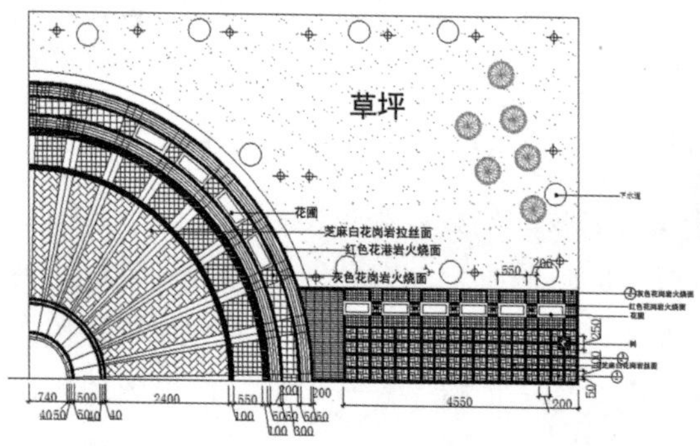

图5-52　不同的铺装材料组成的城市广场

图5-53　南京某休闲广场的边界铺装处理

案例展示

图5-54和图5-55所示为城市广场规划设计案例。

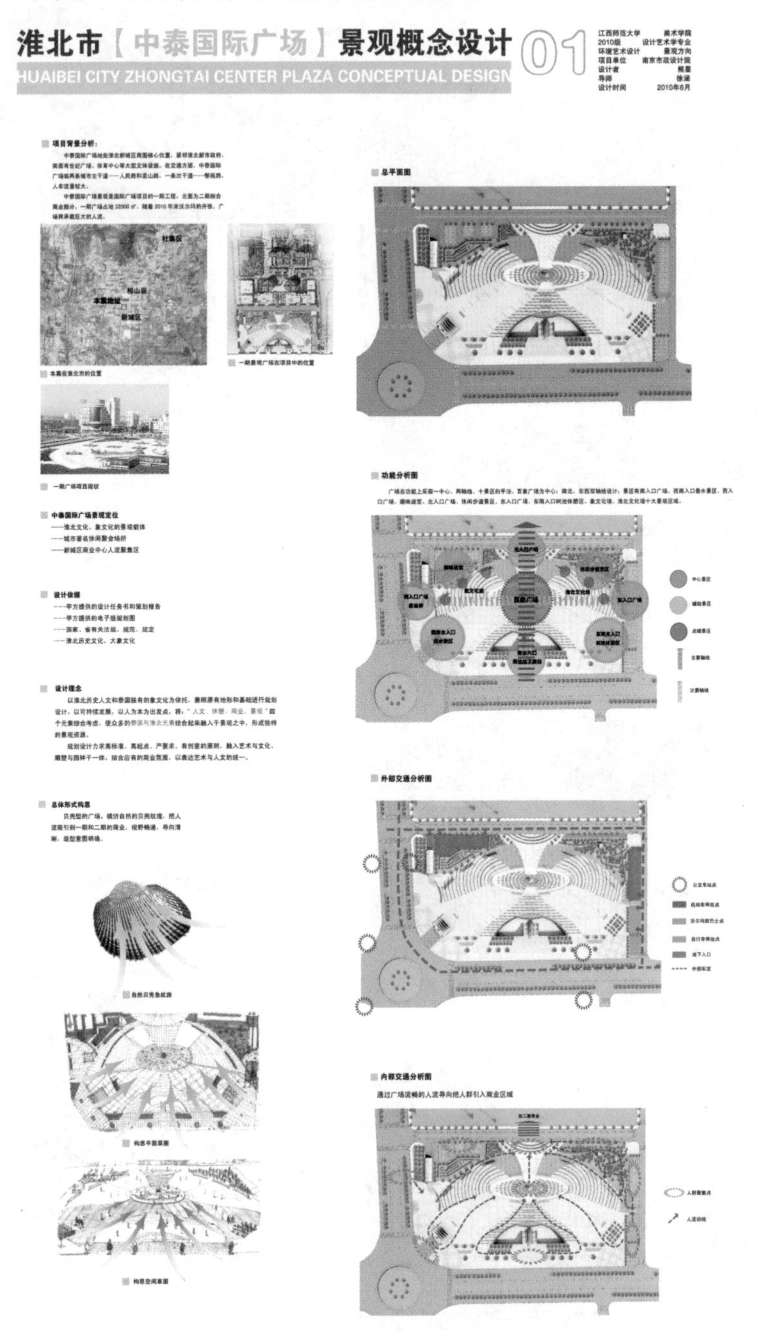

图5-54　某城市商业广场景观设计案例(1)

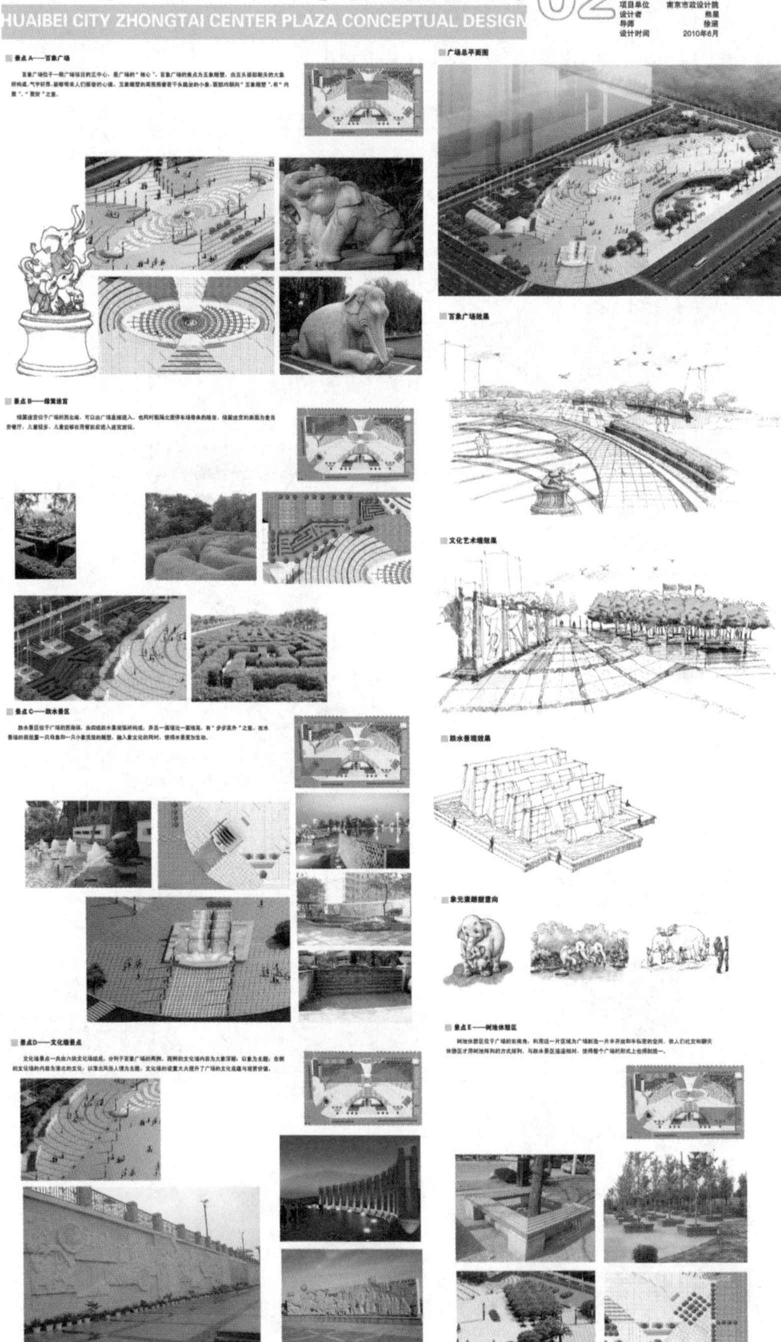

图5-55 某城市商业广场景观设计案例(2)

学生作品

图5-56～图5-60为城市广场规划设计的学生作品。

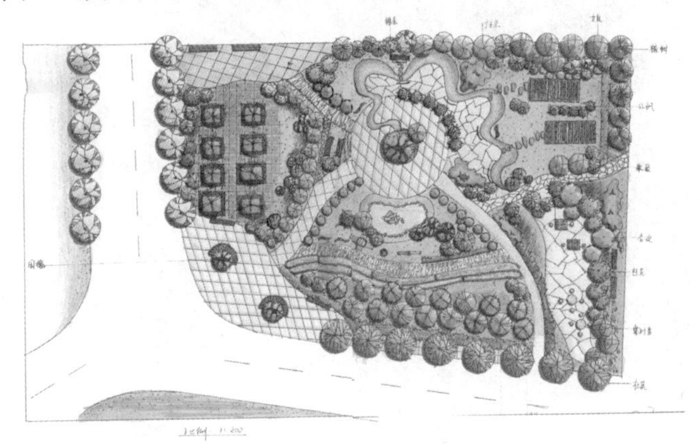

图5-56　城市广场绿地（作者：高丽）

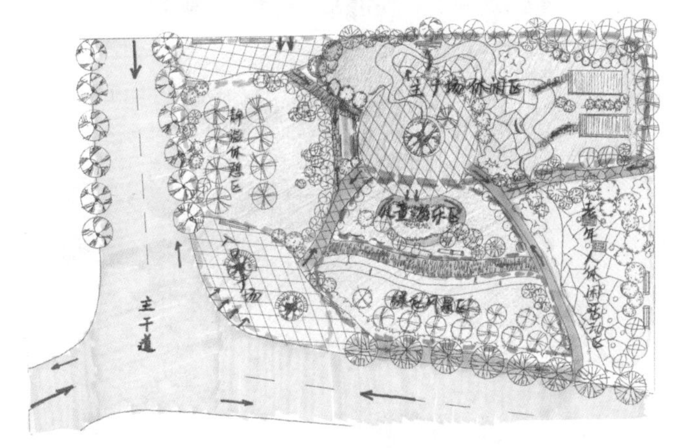

图5-57　城市广场绿地（作者：高丽）

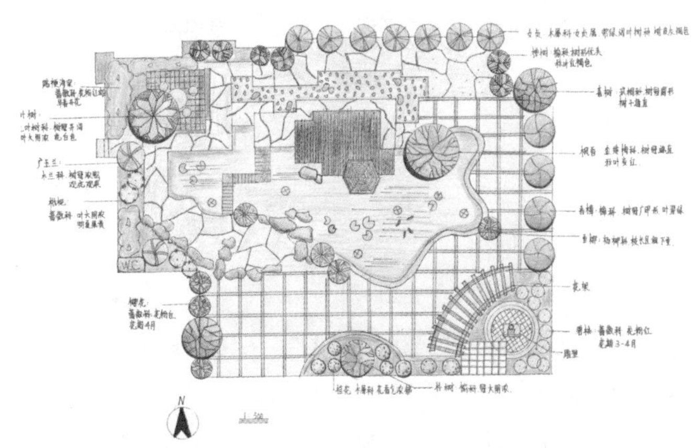

图5-58　城市广场绿地（作者：徐慧慧）

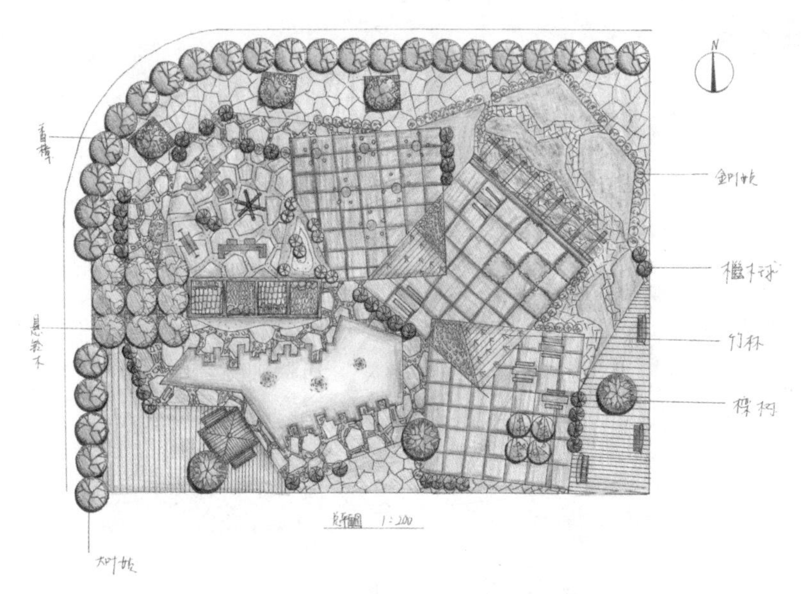

图5-59 城市广场绿地（作者：徐慧慧）

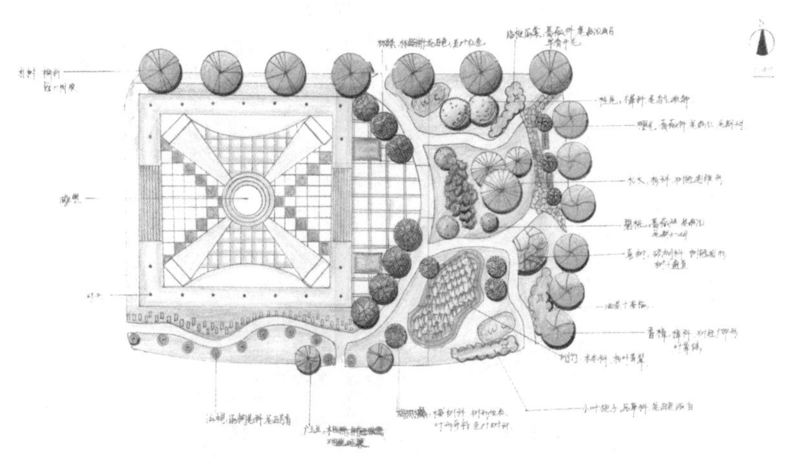

图5-60 城市广场绿地（作者：吴海静）

项目设计依据

城市广场项目设计一般有以下依据。

(1)《公园设计规范》(CJJ48—1992)。

(2)《绿地分类标准》(CJJ/T85—2002)。

(3)《城市道路绿化规划与设计规范》(CJJ75—1997)。

(4)《城市绿地设计规范》(GB50420—2009)。

(5)《城市道路和建筑物无障碍设计规范》(JGJ50—2001)。

实训任务

1. 实训任务单

《城市广场景观设计》实训任务单

班级：______________　指导教师：______________
姓名：______________　学号：______________

实训名称	某城市站前广场景观设计	实训时间	
参与成员		实训场地	
实训目标	能力目标： (1) 掌握城市广场规划设计的原则、原理与程序。 (2) 能够进行站前广场的设计。 (3) 掌握各类城市广场的特点和布局要求。 (4) 能够进行各类城市广场的规划设计		
	知识目标： (1) 城市广场的概念。 (2) 城市广场规划设计的原则。 (3) 城市广场规划设计的程序。 (4) 城市广场规划设计的原理。 (5) 城市广场绿地规划设计。 (6) 各类城市广场规划设计的相关知识		
实训步骤	(1) 了解基地所在的城市总体规划：分析周围的建筑及交通情况，分析基地的自然特征，确定可以利用和需要改造的要素，了解地域历史文化传统、民风民俗、城市格局、建筑特色、气候条件等。 (2) 绘制分析图纸：功能分区图、根据广场的类型和大小合理安排场地功能设施，提供大型集会、公众休闲散步的场所；交通状况分析图，根据广场交通流量和容量以及人流状况合理组织交通。 (3) 确立广场的空间形态、空间尺寸比例、空间围合程度；完善细节设计；广场的绿地植物配置，具体植物种类的选择，并注意植物单体形态的整体统一；铺装设计，考虑铺装的引导性、指示性等；各环境建筑小品的设计，注意风格的协调和使用功能的完美结合。 (4) 构思设计总体方案及种植形式，完成初步设计(草图)。 (5) 绘制设计图纸，包括立面图、平面图、剖面图及图例等		

续表

实训要求	(1) 图面表现能力强，设计图种类齐全，设计深度能满足施工的需要，线条流畅，构图合理，清洁美观，图例、文字标注、图幅符合制图规范。 (2) 设计说明书语言流畅、言简意赅，能准确地对图纸进行补充说明，体现设计意图。 (3) 方案绿化材料统计基本准确，有一定的可行性。 (4) 制作文本、项目汇报PPT
实训内容	图为某城市站前广场的用地图，要求根据城市广场绿地设计的相关知识完成相应的图纸和文本文件 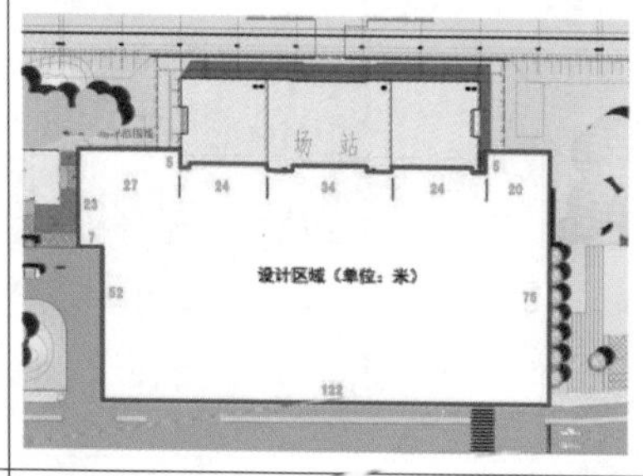
实训成果	(1) 总体规划图：比例1：500左右(根据广场面积确定图幅，图中进行道路、广场、园林建筑小品等规划布局，并标注尺寸)。 (2) 种植设计图。 (3) 广场铺装设计图。 (4) 主要建筑方案设计图，需要绘制平、立、剖面图。 (5) 整体或局部的效果图(彩色)。 (6) 设计说明书
PPT汇报自评	
小组互评	
教师总评	

2．评分标准

序号	考核内容	分值	得分
1	城市广场功能分区图、总平面图	20	
2	城市广场局部节点详图、剖立面图	20	
3	城市广场植物种植图、硬质景观及铺装配置图	15	
4	城市广场鸟瞰图或局部效果图	15	
5	城市广场景观设计说明、植物名录及材料统计	10	
6	文本制作或展板设计（规范性、完整性、美观性）	10	
7	PPT 汇报、项目介绍（考查表达能力、对城市广场景观设计能力的掌握程度）	10	
总分		100	

项目六

居住区绿地景观规划设计

学习目标

(1) 熟练掌握居住区的组织结构模式。

(2) 熟练掌握居住区绿化设计的相关术语及绿地组成。

(3) 熟练掌握居住区各类绿地的功能及特点。

(4) 能够准确地指出居住区的建筑布局形式，并掌握其绿化设计要求。

(5) 熟练掌握居住区绿地规划设计的方法和程序。

(6) 熟练掌握植物造景在居住区绿化设计中的应用。

(7) 能够根据设计要求准确、合理地进行居住区绿地的方案设计。

(8) 掌握居住区景观设计构思的方法。

(9) 掌握大型居住区绿化设计的技巧。

(10) 能够根据规范准确地完成相关图样的绘制。

(11) 熟练掌握设计说明书的编制方法。

提出任务

图6-1所示为某城市一个居住区的现状图，甲方要求居住区绿化做到经济、实用、美观，并具有一定的文化内涵。下面我们来完成该居住区的景观规划设计。

图6-1　某城市居住区的现状图

分析任务

通过对图6-1的分析，我们可以看到这个居住区的建筑布局属于混合式布局，居住区公共绿地的面积被包围在住宅内部，结合甲方的设计要求，我们需要解决以下几个问题。

(1) 大型居住区绿化设计的思路问题。

(2) 如何在混合式布局居住区内部，通过绿化体现小区的文化内涵？

(3) 在设计中如何体现多样统一的原则？

根据甲方的设计要求以及园林规划设计的程序，对于本次设计任务我们将分为以下几个阶段完成。

1．现场调查研究

(1) 基地现状调查：现场勘查测绘，调查气候、地形、土壤、水系、植被、建筑、管线。

(2) 环境条件调查：与甲方交流，明确设计要求与目标，包括风格、特色、造价等。

(3) 设计条件调查：主要建筑平、立面图，现状树木位置图，地下管线图。

2．编制居住区绿地景观设计任务书

(1) 项目背景：介绍项目区位与定位。

(2) 项目规划设计范围：项目规划具体尺寸。

(3) 项目组织：按规划进度分成几个阶段完成。

(4) 规划设计的主要任务：总体要求、主要原则、主要功能。

(5) 规划设计成果：说明书、图纸。

3．居住区景观总体规划设计

居住区景观总体规划设计的总平面图包括：功能分区、园路、植物种植、硬质铺装、比例尺、指北针、图例、尺寸标注、文字标注等。

4．居住区景观局部详细设计

(1) 剖立面图：按照比例表现地形、硬质景观(建筑物、构筑物)、植物(按最佳观赏期表现)。

(2) 局部节点详图：表达局部景观节点、亮点。

(3) 效果图：表达最佳规划设计理念与设计主题。

5．设计说明书

设计说明书中应包含现状条件分析、规划原则、总体构思、总体布局、空间组织、景观特色要求、竖向规划、主要经济技术指标。

6. 植物名录及材料统计

植物名录及材料统计是指本方案中使用或涉及的植物与材料图例、名称、规格、数量等。

7. 工程概预算

工程概预算的项目清单计价包括材料费、人工费、机械台班费等。

8. 文本制作

文本制作是把以上项目成品资料进行统一整合成册，包括设计封面、扉页、封底、页眉、页脚、页码。

9. 展板制作

根据展板制作要求对本项目的成品资料进行统一整合和排版。

10. 项目汇报

制作项目汇报PPT。

知识储备

一、认识居住区

(一) 居住区的概念

居住区从广义上来说就是人类聚居的区域，从狭义上来说是指由城市主要道路所包围的独立的生活居住地段，如图6-2所示。一般在居住区内应设置比较完善的日常性和经常性的生活服务性设施，以满足人们基本物质和文化生活的需求，如图6-3所示。

图6-2　南京河西新区被道路包围的居住区　　图6-3　广州某居住区内部的游泳池及景观

(二) 居住区的组织结构模式

居住区按其居住户数或人口规模，分为居住区、居住小区和居住组团三级，如图6-4所示。

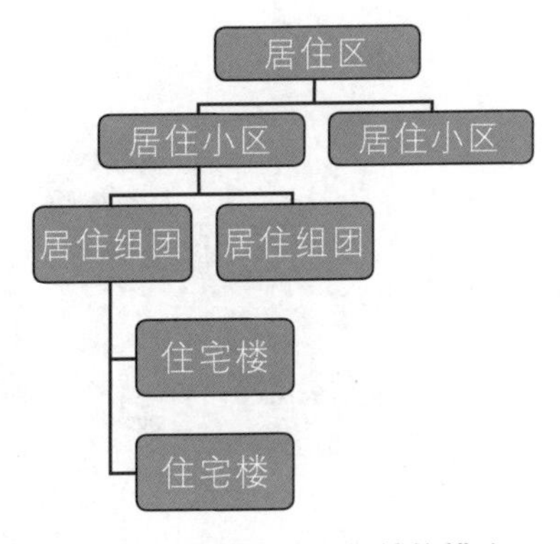

图6-4　居住区的组织结构模式

1．居住区

城市居住区：一般称居住区，泛指不同居住人口规模的生活聚居地和特指被城市干道或自然分界线所围合，并与居住人口规模(30 000～50 000人)相对应，配建有一整套较完善的、能满足该区居民物质与文化生活所需的公共服务设施的居住生活聚居地。

2．居住小区

居住小区：一般称小区，是指被居住区级道路或自然分界线所围合，并与居住人口规模(7000～15 000人)相对应，配建有一整套能满足该区居民基本的物质与文化生活所需的公共服务设施的居住生活聚居地。

3．居住组团

居住组团：一般称组团，是指被小区道路分隔，并与居住人口规模(1000～3000人)相对应，配建有居民所需的基层公共服务设施的居住生活聚居地。居住区各结构人口如表6-1所示。

表6-1　居住区各结构人口

类　别	居　住　区	小　区	组　团
户数	10000～16000	3000～5000	300～1000
人口	30000～50000	7000～15000	1000～3000
用地	50～100ha	10～20ha	—

(三) 居住区建筑的布局形式

居住区建筑的布局形式主要有行列式、周边式、混合式、自由式、散点式和庭院式。

1．行列式

行列式是指居住区依照一定的朝向成行、成列地布局，大多数的居民能够得到一个比较好的朝向，但是绿地空间往往比较小，容易产生单调感，如图 6-5 和图 6-6 所示。

图6-5　行列式居住区平面图

图6-6　行列式居住区鸟瞰图

2. 周边式

周边式布局形式是居住建筑以道路或院落呈周边式安排，可形成较大的绿化空间，有利于公共绿地的布置，但是容易引起较多的居室朝向差或通风不良。如图6-7和图6-8所示为某周边式居住区。

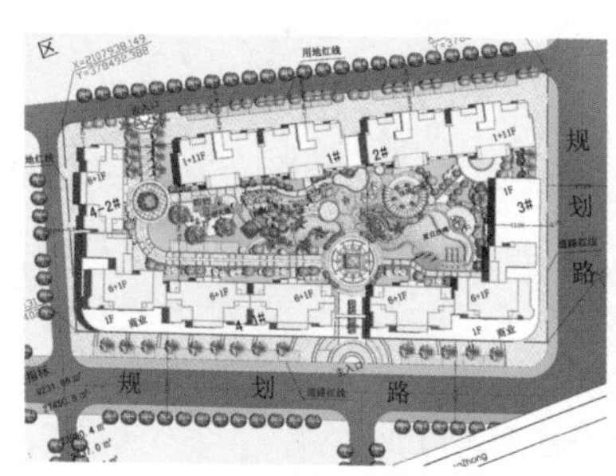

图6-7　某周边式居住区平面图

图6-8　某周边式居住区鸟瞰图

3. 混合式

混合式布局形式一般是周边式和行列式结合起来布置，通常会在居住区沿街区域采取周边式布局，居住区内部使用行列式布局。如图6-9和图6-10所示为某混合式居住区。

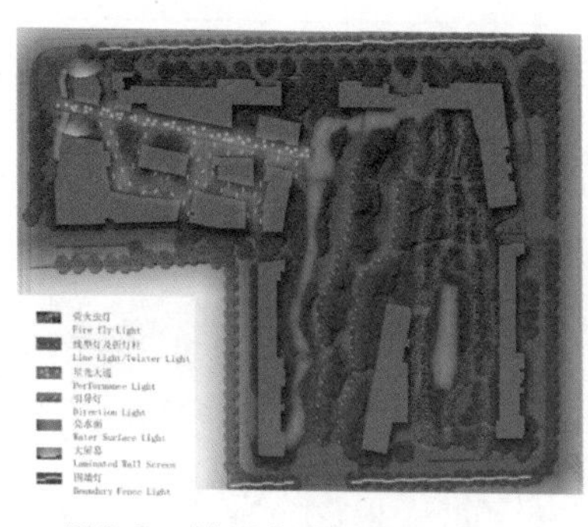

图6-9　某混合式居住区平面图

图6-10　某混合式居住区鸟瞰图

4. 自由式

自由式布局形式主要因为结合地形的需求或受地形地貌的限制，充分考虑日照、通风等条件灵活布置。如图6-11和图6-12所示为某自由式居住区鸟瞰图。

图6-11　某自由式居住区鸟瞰图(1)

图6-12　某自由式居住区鸟瞰图(2)

5. 散点式

散点式布局建筑常围绕公共绿地、公共设施和水体等散点布置，这种手法常用于别墅区。如图6-13和图6-14所示为运用散点式布局方式的别墅居住区。

图6-13　某散点式居住区平面图

图6-14　某散点式居住区鸟瞰图

6. 庭院式

庭院式布局形式一般是底层建筑的住户有院落，也常应用于别墅区，有利于保护住户的私密性、安全性。如图 6-15 和图 6-16 所示为某别墅所附属的庭院式院落。

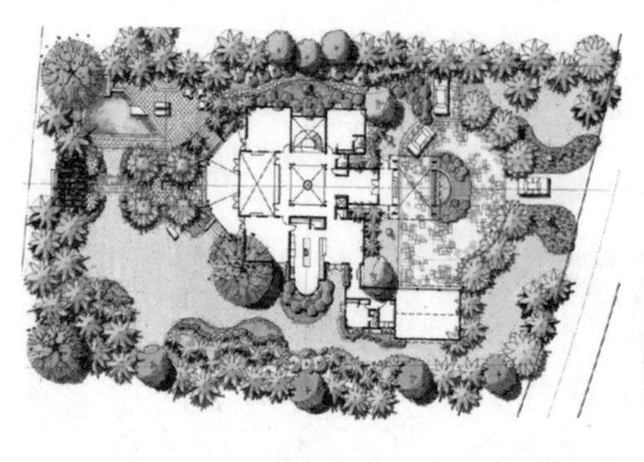

图6-15　某庭院式居住区平面图(1)

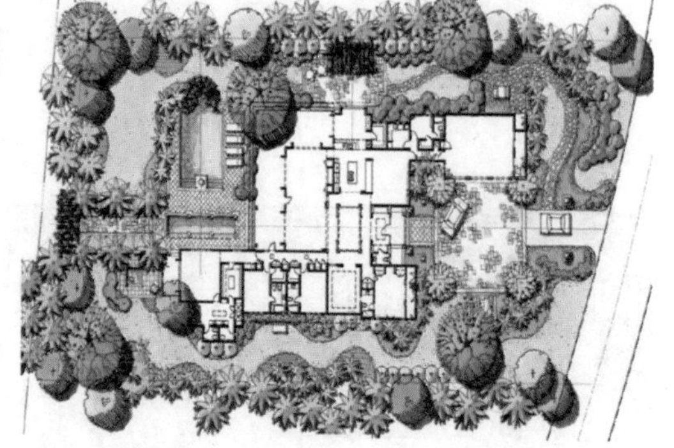

图6-16　某庭院式居住区平面图(2)

(四) 居住区道路系统布局

1. 居住区级道路

居住区级道路用以解决居住区内、外的交通联系，按国家的相关规范，车行道宽度9m以上，道路红线不小于16m。如图6-17所示为某居住区主干道路剖面图。

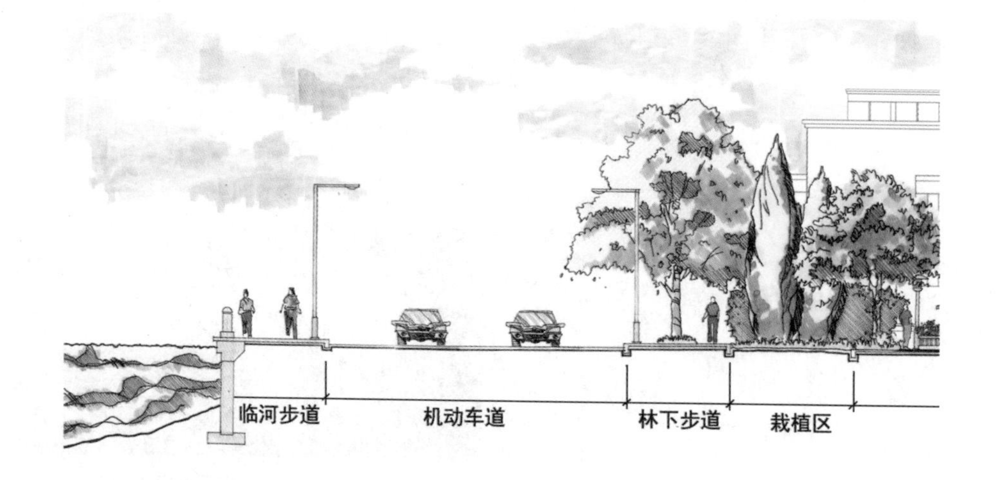

图6-17　某居住区主干道路剖面图

2. 居住小区道路

居住小区道路是联系小区各部分之间的道路，按国家的相关规范，车行道宽度一般在7m以上。如图6-18为某小区道路剖面图，其车行道宽度为7m。在居住小区道路的两侧可布置人行道及绿化带。如图6-19所示为南京新区某居住小区道路及其人行道、绿化带。

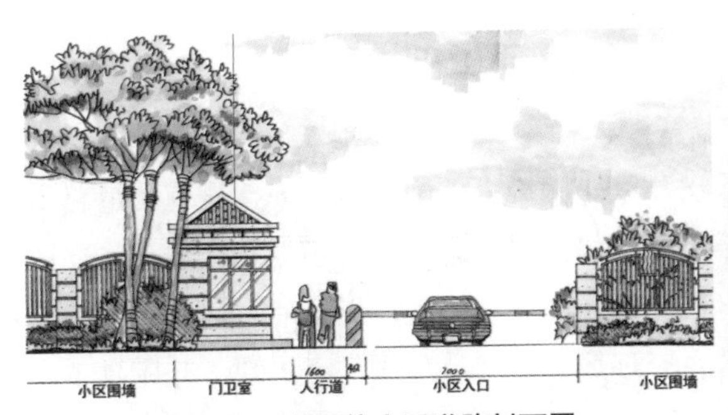

图6-18　某居住小区道路剖面图

图6-19　南京新区某居住小区道路

3. 生活单元级道路

生活单元级道路路面宽度一般为4～6m，平时以通行非机动车辆和行人为主。如图6-20和图6-21所示为生活单元级道路剖面图及实景图。

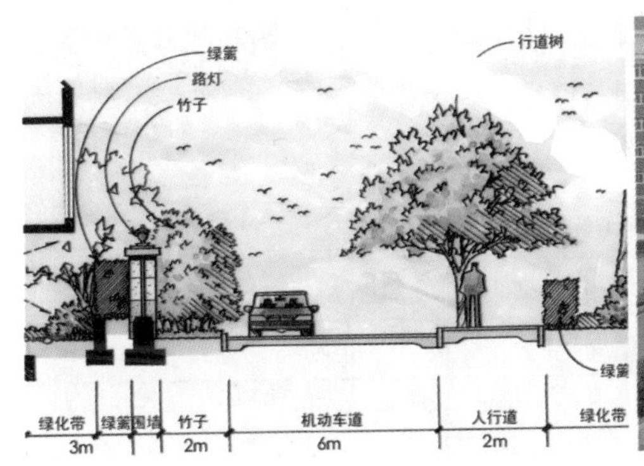

图6-20　某生活单元级道路剖面图

图6-21　南京新区某生活单元级道路

4. 宅前小路

宅前小路是通向各户或单元门前，主要供行人使用，一般宽为1.5～3m，如图6-22和图6-23所示。

图6-22　某宅前小路效果图

图6-23　南京新区某居住区宅前小路

二、居住区绿地的功能及组成

(一) 居住区绿地的功能

居住区绿地一般是指居住小区或居住区范围内，住宅建筑、公建设施和道路用地以外布置绿化、园林建筑和园林小品，为居民提供游憩活动场地的用地。居住区绿地的重要性在于，居住区绿地是直接为居民服务的绿地；形成住宅建筑之间的通风采光和景观视觉空间；改善居住区生态环境；形成特色居住区景观，并应具备一定的生活设施供居民使用。如表6-2所示为不同等级的居住区所应具备的公共设施及类别。

表6-2 各级别居住区所应具备的公共设施及类别

分级	居住区级	组 团 级	小 区 级
使用对象	居民	老人、儿童为主	居民
设施内容	儿童游戏设施、老人以及成人活动、运动和休息场地、座椅、植被、水面、小卖部	幼儿游戏设施、座椅、植被	儿童游戏设施、老人以及成人活动、运动和休息场地、座椅、植被
用地	大于1.0ha	大于0.04ha	大于0.4ha
距离	步行8～15min	步行3～4min	步行5～8min
布局	明确功能划分	灵活布局	一定功能划分

居住区绿地具有重要的功能，其以植物为主体，在净化空气、减少尘埃、吸收噪声等方面起着重要作用；能形成居住区建筑通风、日照、采光、防护隔离、视觉景观空间等环境基础；改善生态环境，提供休息游憩设施、交往场所；在非常时期，还可以起到疏散人流和隐蔽避难的作用。

居住区绿地设计还应本着经济、人本、生态的设计理念，创造可持续发展的人居环境。在规划设计中，从居住区的空间、环境、文化、效益等方面着手，以新颖多样的居住区建筑形式和布局，人性化的居住区环境和优美的园林景观来创造人、住宅与自然环境和社会环境协调共生的居住区。

(二) 居住区公共绿地

居住区公共绿地是为全区居民公共使用的绿地，其位置适中，并靠近小区主路，适宜于各年龄层的居民前去使用。根据中心公共绿地的大小不同，居住区公共绿地又分为以下几种。

1. 居住区级公园

居住区级公园的服务对象是居住区居民，面积在1公顷以上，并具备丰富的满足不同人群和不同功能要求的设施，服务半径通常为80～100m。如图6-24和图6-25所示为某大型居住区及其附属公园。

图6-24　南昌某居住区级公园平面图

图6-25　南昌某居住区级公园效果图

2. 居住小区游园

居住小区游园的服务对象是小区居民，面积在4000m^2左右，具备健身活动设施和社交活动场地，如图6-26所示。居住小区服务半径一般为400～500m，如图6-27所示。

图6-26　南京某居住小区游园内设置的健身设施

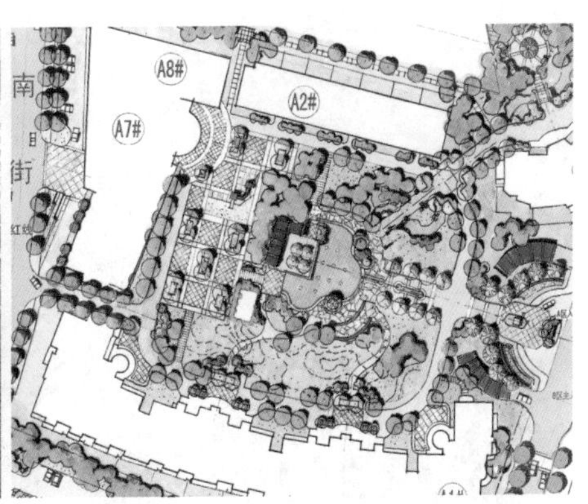

图6-27　某居住小区游园平面图

3. 组团绿地

组团绿地的服务对象是组团内居民，居住区公共绿地的大小反映了小区绿地质量水平，一般要求有较高的规划设计水平和一定的艺术效果。组团绿地一般面积为1000～2000m^2，通常具备老年人和儿童活动场所，服务半径为100m左右，如图6-28和图6-29所示。

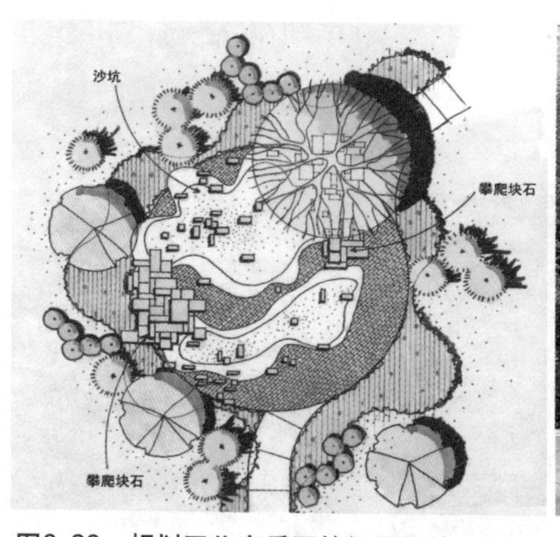

图6-28　规划了儿童乐园的组团绿地平面图

图6-29　南京某居住小区组团绿地设置了儿童乐园

4．宅旁绿地

宅旁绿地也称宅间绿地，是指居住建筑四周或住宅内院的绿地。宅旁绿地与居民生活的关系最为密切，如图6-30所示为南京某居住小区宅旁绿地，利用水景营造出幽静的居住环境。宅旁绿地的大小和宽度决定于楼间距，主要包括宅前、宅后以及建筑物本身。如图6-31所示为南昌某居住小区宅旁绿地，充分利用水景、石景与建筑物结合营造自然、丰富的宅旁景观。

图6-30　南京某居住小区宅旁绿地

图6-31　南昌某居住小区宅旁绿地

5．道路绿地

居住小区道路绿地是联系住宅组群之间的道路和通向各户或各居住单元门口的小路绿地的总称，即居住小区内主要道路和住宅小路的沿路绿化，根据居住小区内部的道路分级、地形、交通情况等进行布置，如图6-32所示。

图6-32　南京某居住小区不同分级的道路绿地

6．公共设施绿地

居住区内各类公共建筑和公共设施四周的绿地称为公共设施绿地。例如，会所、俱乐部、商店等周围或其他块状观赏绿地等，如图6-33所示。其绿化布置要满足公共建筑和公共设施的功能要求，并考虑与周围环境的关系。

图6-33　南京某居住小区会所附属绿地

三、居住区绿地的规划设计

(一) 居住区道路绿地的规划设计

居住区道路绿化与城市街道绿化有不少共同之处，但是在居住区内的道路，由于交通、人流量不大，所以宽度较窄，类型也较少。

我们根据功能要求和居住区规模的大小，可把居住区道路分为居住区主干道、居住区次干道和宅前小路三类，绿化布置因道路情况不同而各有变化，如图 6-34 所示。

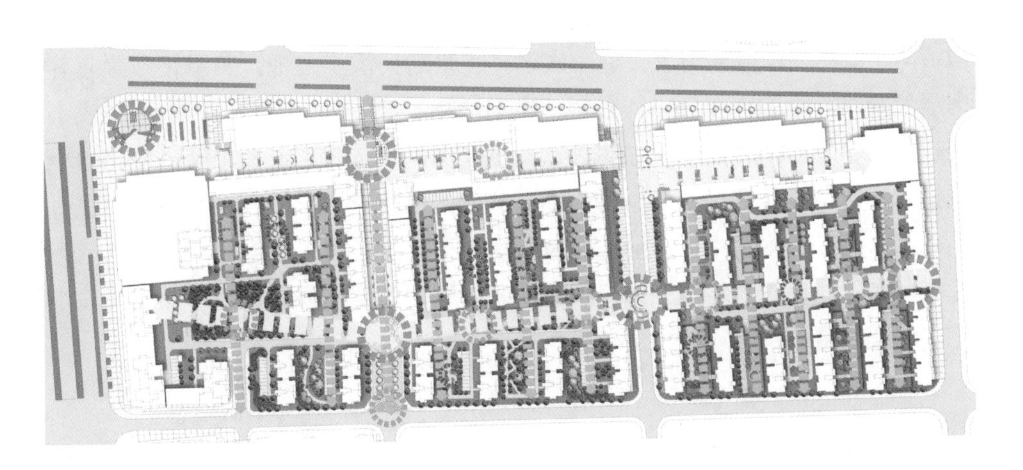

图6-34　某居住小区道路分级

1．居住区主干道

居住区主干道是联系居住区内外的主要通道，除了人行走外，有的还通行公共汽车。在行道树的栽植上要考虑行人的遮阴与车辆交通的安全，在交叉口及转弯处要留有安全视距，宜选用姿态优美、冠大荫浓的乔本植物进行行列式栽植，如图6-35所示为南昌某居住小区主干道采用树木列植。各条主干道上的树种选择应有所区别，体现变化统一的原则；中央分车绿带可用低矮花灌和草皮布置；在人行道与居住建筑之间，可多行列植或丛植乔灌木，以防止尘埃和阻挡噪声；人行道绿带还可用耐阴花、灌木和草本花卉种植形成花景，借以丰富道路景观；或结合建筑山墙、路边空地采取自然式种植，布置小游园和游憩场地。如图6-36所示为上海某居住小区主干道，利用与次干道交会设置路边小景。

图6-35　南昌某居住区主干道绿化

图6-36　上海某居住区主干道路边小景

2．居住区次干道

居住区次干道是联系居住区主干道和小区内各住宅小路之间的道路，一般宽6～7m，使用功能以行人为主，通车次之，也是居民散步之地。其绿化布置应着重考虑居民观赏、游憩需要，丰富多彩、生动活泼。如图6-37所示为深圳某居住小区次干道周边丰富的附属绿化。在树种选择上，可以多选观花或富于叶色变化的小乔木或灌木，每条道路选择不同树种、不同断面的种植形式，使其各有特点；在一条路上以某一两种花木为主体，形成特色。次干道绿化还可以结合组团绿地、宅旁绿地等进行布置，以扩大绿地空间，形成整体效果。如图6-38所示为广州某居住小区与宅旁绿化结合的次干道绿化。

图6-37　深圳某居住小区次干道绿化

图6-38　广州某居住小区次干道绿化

3. 住宅小路

居住区住宅小路，是联系各幢住宅的道路，宽3～4m，使用功能以行人为主。其绿化布置可以种植乔木，也可以种植花灌、草坪，或者结合乔、灌、草的种植。如图6-39所示为南京某居住小区住宅小路结合乔木、灌木、草本种植，形成较为丰富的绿化效果。如住宅小路与住宅间隔较近，绿化不能影响室内采光或通风，如图6-40为南昌某居住小区住宅小路采用通透式栽植，很好地为住宅楼让出了光线与视线。小路的交叉口有时可以适当拓宽，与休息场地结合布置，如图6-41所示为广州某居住小区小路绿化在节点处设置了小广场观水景。住宅小路在公共建筑前面，经常采取扩大道路铺装面积的方式来与小区公共绿地、专用绿地、宅旁绿地结合布置，设置花台、水景、座椅、活动设施等，创造一个活泼的活动中心，如图6-42为广州某居住小区的住宅小路结合高差、水景并增加铺装面积营造较为丰富的道路景观。

图6-39　南京某居住小区住宅小路绿化

图6-40　南昌某居住小区住宅小路绿化

图6-41　广州某居住小区小路利用水景营造景观

图6-42　广州某居住小区住宅小路结合高差营造景观

（二）居住区公园规划设计

居住区公园是为整个居住区的居民服务的，通常布置在居住区中心位置，以方便居民使用。居民步行到居住区公园约 10 分钟的路程，服务半径以 800 ～ 1000m 为宜。

居住区公园面积通常较大，相当于城市小型公园，应有一定的地形地貌、小型水体、功能分区和景色分区，如图6-43和图6-44所示为南昌以水为主体的某居住区公园规划图；构成要素除树木花草外，有适当比例的小品建筑、场地设施；居住区公园由于面积较市级、区级公园小，空间布局较为紧凑，各功能区或景区空间节奏变化较快。居住区公园和城市公园相比，游人成分单一，主要是本居住区的居民，游园时间集中，多在一早一晚。因此，加强照明设施、灯具造型、夜香植物的布置，成为居住区公园布局的特色。

图6-43　南昌以水为主体的某居住区公园(1)

图6-44　南昌以水为主体的某居住区公园(2)

(三) 居住区小游园规划设计

居住区小游园应按照以下几个方面来进行规划设计。

1. 位置规划

首先应进行小游园位置的规划和选址。

(1) 小游园一般布置在小区中心部位，方便居民使用，其服务半径一般以200～300m为宜，最多不超过500m。在规模较小的小区中，小游园也可在小区一侧沿街布置或在道路的转弯处两侧沿街布置。如图6-45所示为南昌某居住小区沿街靠水布置的小游园。

图6-45 南昌某居住小区沿街靠水布置的小游园

(2) 尽可能与小区公共活动或商业服务中心、文化体育设施等公共建筑设施结合布置，集居民游乐、观赏、休闲、社交、购物等多功能于一体，形成一个完整的居民生活中心。

(3) 应充分利用自然山水地形，在原有的绿化基础上进行选址和布置。

2. 用地规模

小游园规划应按照居住区面积及周边公园配套进行考虑。

(1) 根据定额标准，小区人均公共绿地面积为1平方米/人，若小区中心游园和组团绿地各占50%，则小游园面积以0.5hm^{2}左右为宜，另一半可分散安排为住宅组团绿地。

(2) 就小区周围市区级公共绿地分布情况而言，若附近有较大的城市公园或风景林地，则小游园面积可小些；若附近没有较大的城市公园或风景林地，可在小区设置面积相对较大的小游园。

3. 规划形式

根据小游园构思立意、地形状况、面积大小、周围环境和经营管理条件等因素，小游园平面布置形式可采用规则式、自然式、混合式和抽象式。

4. 规划内容

小游园详细规划内容主要分为入口处理和功能分区两个方面。

(1) 入口处理：为方便附近居民，常结合园内功能分区和地形条件，在不同方向设置出、入口，但要避开交通频繁的地方。

(2) 功能分区：分区的目的主要是让不同年龄、不同爱好的居民能各得其所、乐在其中、互不干扰、组织有序、主题突出、便于管理。小游园因用地面积较小，主要表现在动、静上的分区，注意处理好动、静两区之间在空间布局上的联系与分隔问题。

(3) 园路布局：园路布局宜主次分明、导游明显，以利平面构图和组织游览；园路宽度以不小于2人并排行走的宽度为宜，最小宽度为0.9m，一般主路宽3m左右，次路宽1.5～2m；园路宜呈环套状，忌走回头路。

(4) 广场场地：小游园的小广场一般以游憩、观赏、散步为主，中心部位多设有花坛、雕塑、喷水池等装饰小品，四周多设座椅、花架、柱廊等，供人休息。如图6-46所示为南昌某居住小区设置喷水池的小广场，营造出动静结合的亲水空间。

(5) 植物配置：植物种类的选择既要统一基调，又要各具特色，做到多样统一；注意季相变化和色彩配合；注意选择乡土树种，避免选择有毒、带刺、易引起过敏的植物。

(6) 建筑小品：小游园以植物造景为主，适当布置园林建筑小品，小游园的园林建筑及小品主要有亭、廊、花架、水池、喷泉、花台、栏杆、座椅、圆桌凳，以及雕塑、宣传栏、果皮箱、圆灯等。如图6-47所示为南昌某居住区小游园设置了遮阳伞、园凳等小品，营造出既丰富又实用的景观空间。

图6-46　南昌某居住小区小广场

图6-47　南昌某居住小区小游园休憩空间

(四) 组团绿地的规划设计

居住区组团绿地应按照以下几个方面来进行规划设计。

1. 布设位置

根据组团绿地在住宅组团内相对位置的不同，组团绿地布设的位置大体上有以下几种：①周边式住宅的中间(见图6-48)；②行列式住宅山墙之间(见图6-49)；

③扩大行列式住宅间距(见图6-50)；④住宅组团的一角(见图6-51)；⑤两组团之间(见图6-52)；⑥一面或两面临街(见图6-53)；⑦穿插于住宅之间(见图6-54)；⑧与公共建筑结合布置；⑨自由式布置。

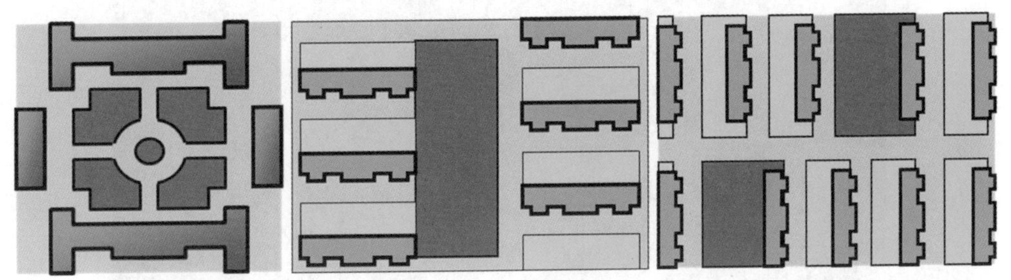

图6-48　周边式住宅的中间　图6-49　行列式住宅山墙之间　图6-50　扩大行列式住宅间距

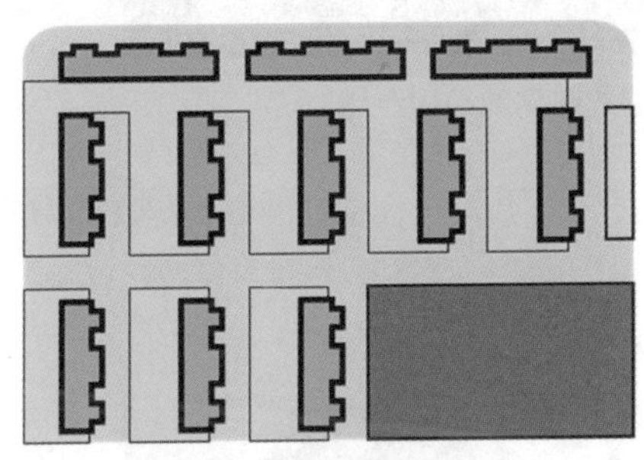

图6-51　住宅组团的一角

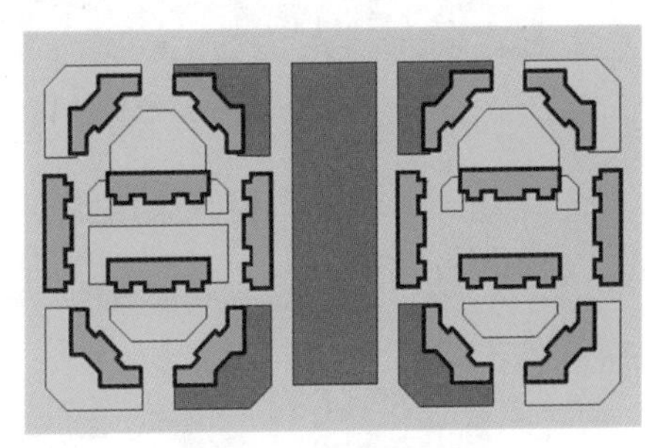

图6-52　两组团之间

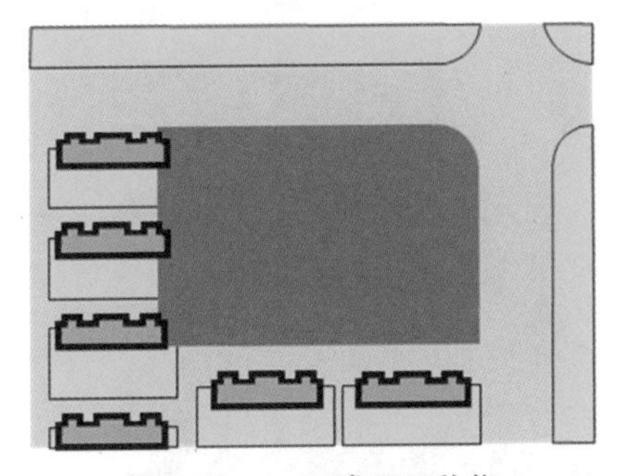

图6-53　一面或两面临街

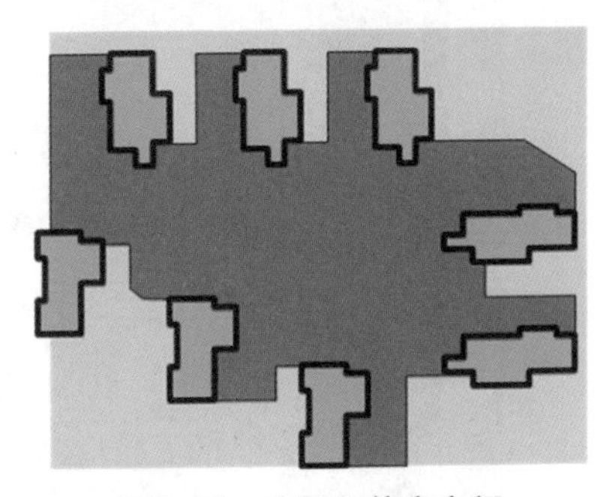

图6-54　穿插于住宅之间

2．用地面积

每个组团绿地用地小、投资少、见效快，面积一般在0.1～0.2hm^2。一般一个小区有几个组团绿地。按定额标准，一个小区的组团绿地总面积在0.5hm^{2}左右。

3．平面构图形式

组团绿地的平面构图形式分为中轴对称式、均衡不对称式和自由式三种。

(1) 中轴对称式：设计常以主体建筑入口中轴线为轴线组织景观序列，对称布局，如图6-55所示。

图6-55　某居住小区中轴对称式布局的组团绿地

(2) 均衡不对称式：设计采用规则式布局，而构图是不对称的，追求总体布局均衡，如图6-56所示。

图6-56　某居住小区均衡不对称式布局的组团绿地

(3) 自由式：设计采用自由式布局，局部入口、广场、小品等处穿插以规则形式，如图6-57所示。

图6-57　某居住小区自由式布局的组团绿地

4．空间布局形式

居住区组团绿地的空间布局形式可分为开放式、半封闭式和封闭式三种。

(1) 开放式：不以绿篱或栏杆与周围分隔，居民可以自由进入绿地内游憩活动，如图6-58所示。

图6-58　深圳某居住小区开放式布局的组团绿地

(2) 半封闭式：用绿篱或栏杆与周围部分分隔，但留有若干出入口供进出，如图6-59所示。

图6-59　南昌某居住小区半封闭式布局的组团绿地

（3）封闭式：绿地用绿篱或栏杆与周围完全分隔，居民不能进入绿地游憩，只供观赏，可望而不可即。

5．规划设计内容

居住区组团绿地在规划设计的内容与细节上应考虑绿化种植、安静休息区和游戏活动区等部分的安排与设计。

（1）绿化种植部分：可种植乔木、灌木、花卉和铺设地，亦可设花架种爬藤植物，置水池植水生植物，植物配置要考虑季相景观变化及植物生长的生态要求，如图6-60所示。

(a)

(b)

图6-60　南京某居住小区组团绿地水生植物配置

（2）安静休息部分：设亭、花架、桌、椅、阅报栏、园凳、园灯等建筑小品，并布置一定的铺装地面和草地，供老人休憩、闲谈、阅读、下棋或练拳等活动，如图6-61所示。

(a)

(b)

图6-61　南京某居住小区组团绿地设置的观景亭与园凳

(3) 游戏活动部分：可分别设计幼儿和少儿活动场，供儿童进行游戏和简易体育活动，如捉迷藏、玩沙堆、戏水、跳绳、打乒乓球等，还可选设滑、转、荡、攀、爬等器械的游戏，如图6-62所示。

(a)

(b)

图6-62　赫尔辛基某居住小区组团绿地供儿童游戏的沙池和秋千

6. 其他注意要点

(1) 组团绿地出入口的位置、道路、广场的布置要与绿地周围的道路系统及人流方向结合起来考虑。

(2) 组团绿地内要有足够的铺装地面，以方便居民休息活动，也有利于绿地的清洁卫生。由于国家对居住区绿地覆盖率的要求，既要有较高的绿地覆盖率，又要保证活动场地的面积，可采用铺装地上留穴种乔木的方法，形成树荫场地或林荫小广场，如图6-63所示。

图6-63　南昌某居住小区组团绿地设置的林荫小广场

(3) 一个居住小区往往有多个组团绿地，这些组团绿地从布局、内容及植物配置上要各有特色，或形成景观序列，如图6-64所示。

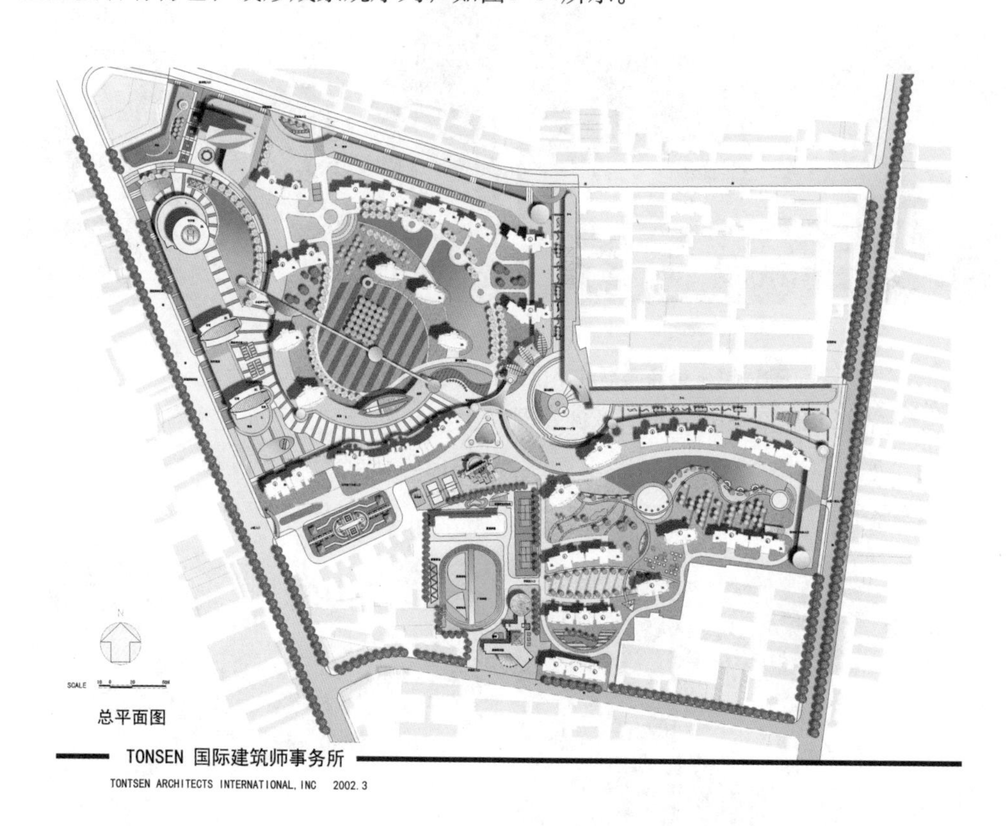

图6-64 某居住小区两块组团绿地所形成的景观序列

知识拓展

宅旁绿地的规划设计

1. 宅旁绿地的功能和作用

宅旁绿地即位于住宅四周或两幢住宅之间的绿地，是居住区绿地的最基本单元，其功能主要是美化生活环境，阻挡外界视线、噪声和灰尘，满足居民夏天纳凉、冬天晒太阳、就近休息赏景、幼儿就近玩耍等需要，为居民创造一个安静、卫生、舒适、优美的生活环境。如图6-65所示为某中式风格居住小区古朴的宅旁绿地。

图6-65　某中式小区的宅旁绿地

2．宅旁绿地的布置类型

1）树林型

树林型是用高大乔木，多行成排地布置，对改善小气候有良好作用。树林型绿地大多为开放式，居民可在树荫下开展活动或休息。如图6-66所示为南京某树林型宅旁绿地，与水结合的景观获得了较好的效果，但缺乏灌木和花草搭配，比较单调，而且容易影响室内通风采光。

图6-66　南京某居住小区树林型宅旁绿地

2）植篱型

植篱型是用常绿或观花、观果、带刺的植物组成绿篱、花篱、果篱、刺篱，围成院落或构成图案，或在其中种植花木、草皮，如图6-67所示。

图6-67　南京某居住小区植篱型宅旁绿地

3）庭院型

庭院型是用砖墙、预制花格墙、水泥栏杆、金属栏杆等在建筑周围围出一定的面积，形成首层庭院，如图6-68所示。

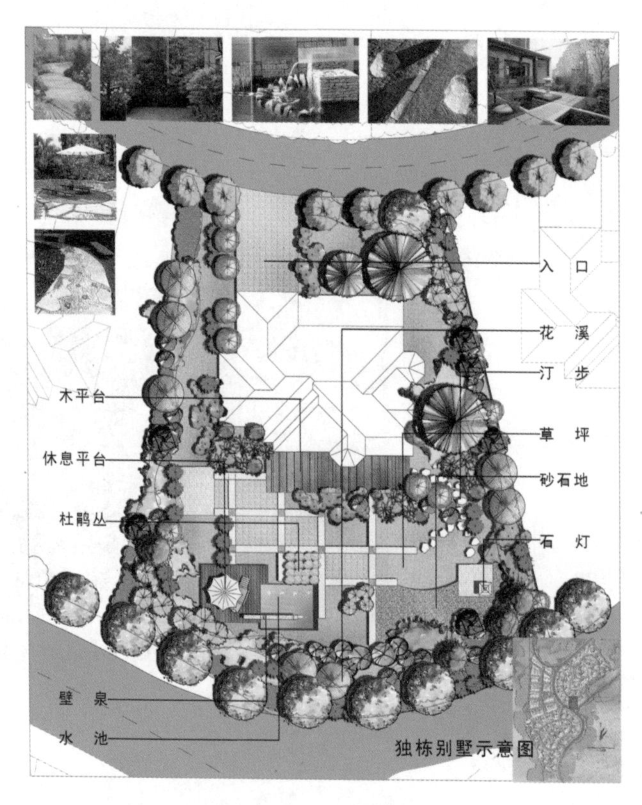

图6-68　某庭院型宅旁绿地的总体配置图

4）花园型

花园型是在宅间以绿篱或栏杆围出一定的范围，布置乔灌木、花卉、草地和其他园林设施，形式灵活多样，层次、色彩都比较丰富。既可遮挡视线、隔音、防尘和美化环境，又可为居民提供就近游憩的场地。如图6-69所示为南京某居住小区花园型宅旁绿地，给居民营造了景色优美的活动空间。

(a)

(b)

图6-69　南京某居住小区花园型宅旁绿地

5）草坪型

草坪型是以草坪绿化为主，在草坪的边缘或某一处，种植一些乔木或花灌木、草花之类的场地。如图 6-70 所示为南京某居住小区草坪型宅旁绿地大片的草坪搭配乔木、灌木，形成丰富的景观层次。草坪型宅旁绿地往往也用于高级独院式住宅，如图 6-71 所示。

图6-70　南京某居住小区草坪型宅旁绿地

图6-71　上海某居住小区草坪型宅旁绿地

3．宅旁绿地的设计要点

宅旁绿地在设计过程中应考虑以下几个方面。

1）入口处理

绿地出入口使用频繁，常拓宽形成局部休息空间，或者设花池、常绿树等重点点缀，诱导游人进入绿地。如图6-72所示为南京某居住小区宅旁绿地入口，利用花池营造入口景观。

图6-72　南京某居住小区宅旁绿地入口景观

2）场地设置

注意将绿地内部分游道拓宽成局部休憩空间，或布置游戏场地，便于居民活动。如图6-73所示为南京某居住小区宅旁绿地景观，通过拓宽道路创造小空间观景和休憩。宅旁绿地在规划设计过程中切忌内部拥挤封闭，使人无处停留，导致破坏绿地。

图6-73　南京某居住小区宅旁绿地景观

3）小品点缀

宅旁绿地内小品主要以水池、花坛、花池、树池、座椅、园灯为主，重点处设小型雕塑，小型亭、廊、花架等，所有的建筑小品均应体量适宜，经济、实用、美观。如图6-74所示为南京某居住小区宅旁绿地的喷泉、花池、水池、园灯等建筑小品点缀。

图6-74　南京某居住小区宅旁绿地建筑小品点缀

4）设施利用

宅旁绿地入口处及游览道应注意少设台阶，减少障碍。道路设计应避免分割绿地、出现锐角构图，多设舒适座椅、桌凳，晒衣架、果皮箱、自行车棚等设计也应讲究造型，并与整体环境景观协调。

5）植物配置

各行列、各单元的住宅树种选择要在基调统一的前提下，各具特色，成为识别的标志，起到区分不同的行列、单元住宅的作用。如图6-75和图6-76所示为南京某居住小区在某一单元使用樱花作为宅旁树种，另一个单元使用柳树作为宅旁树种，不同的宅旁绿地树种大大增强了单元入口之间的可识别性和特色。

图6-75　南京某居住小区宅旁树种：樱花

图6-76　南京某居住小区宅旁树种：柳树

宅旁绿地树木、花草的选择应注意居民的喜好、禁忌和风俗习惯。某些地域的人们不喜欢在宅旁种植针叶类树木，在进行植物配置的过程中，应注意这些问题。

住宅四周植物的选择和配置：一般在住宅南侧，应配置落叶乔木。如图6-77所示为南京某住宅小区选用落叶乔木银杏种植在住宅南侧，保证了阳光和南阳台的视线通透。住宅北侧，应选择耐阴花灌木，若面积较大，可采用常绿乔灌木及花草配置，既能起分隔、观赏作用，又能抵御冬季西北寒风的袭击，如图6-78所示为南京某居住小区住宅北面采取常绿乔灌木搭配的宅旁绿化。在住宅东、西两侧，可栽植落叶大乔木或利用攀缘植物进行垂直绿化，有效地防止夏季西晒、东晒，以降低室内气温，美化装饰墙面。如图6-79所示为深圳某中式住宅小区在住宅的西侧种植高大的竹子，很好地阻挡了夏日的“西晒”。

图6-77　南京某居住小区住宅南面宅旁绿地

图6-78　南京某居住小区住宅北面宅旁绿地

靠近窗前或阳台的绿化要综合考虑室内采光、通风、减少噪声、视线干扰等因素，一般在近窗种植低矮乔木、花灌或设置花坛。如图6-80所示为广州某居住小区在靠近窗前和阳台的绿地配置了低矮的小乔木、花灌木和草坪，把阳光与景色留给了住宅楼。在宅旁绿地的植物配置中，通常在离住宅窗前5～8m之外，才能分布高大乔木。如图6-81所示为深圳某居住小区在住宅楼院落外种植高大的乔木，保证了住宅窗前的光线与视线。宅旁绿地还要注意在高层住宅的迎风面及风口处应选择深根性树种。

图6-79　深圳某居住小区利用竹子遮挡“西晒”

图6-80　广州某居住小区宅旁绿地[①]

图6-81　深圳某居住小区院落外的大乔木

案例展示

图6-82为居住区绿地规划设计案例。

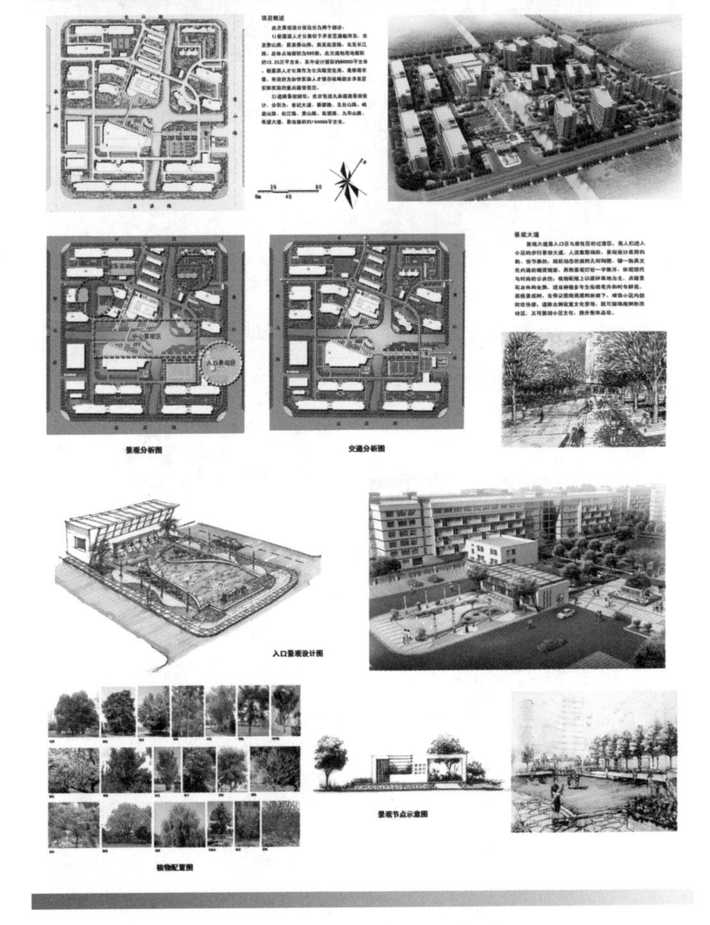

图6-82　室外景观及道路规划设计

注：①图6-80来源于http: //imgl.ddove.com.

学生作品

图6-83和图6-84为居住区绿地规划设计学生作品。

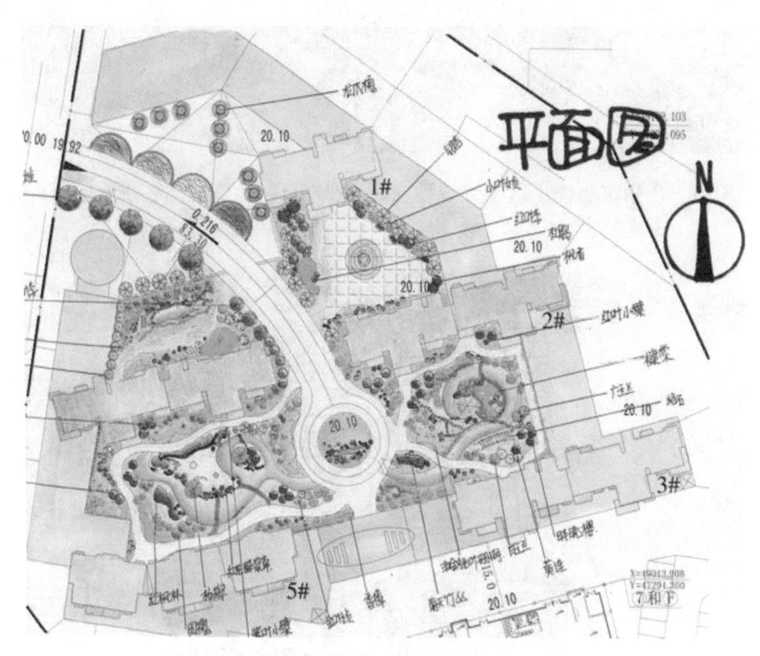

图6-83　居住区绿地平面图（作者：高丽）

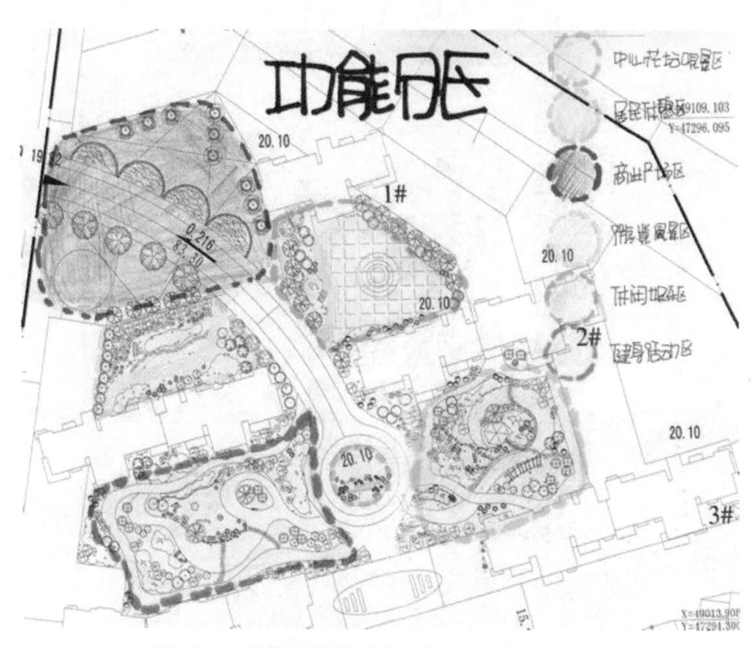

图6-84　居住区绿地功能分区（作者：高丽）

项目设计依据

居住区绿地项目设计有以下依据。

(1)《城市居住区规划设计规范》(GB50180—1993)。

(2)《居住区环境景观设计导则》(2006版)。

(3)《公园设计规范》(CJJ48—1992)。

实训任务

1. 实训任务单

《某居住区绿地景观设计》实训任务单

班级：________ 指导教师：________

姓名：________ 学号：________

<table>
<tr><td>实训名称</td><td colspan="2">某居住区绿地景观设计</td><td>实训时间</td><td></td></tr>
<tr><td>参与成员</td><td colspan="2"></td><td>实训场地</td><td></td></tr>
<tr><td rowspan="2">实训目标</td><td colspan="4">能力目标：
(1) 掌握居住区的绿地组成。
(2) 掌握居住区各类绿地的功能、特点。
(3) 掌握居住区绿地规划设计的方法和程序。
(4) 掌握植物造景在居住区绿化中的应用</td></tr>
<tr><td colspan="4">知识目标：
(1) 居住区概述。
(2) 居住区的组织结构模式。
(3) 居住区的绿地组成。
(4) 居住区建筑的布局形式。
(5) 居住区小游园的位置与规模。
(6) 居住区小游园的内容安排。
(7) 居住区绿化设计的程序</td></tr>
<tr><td>实训步骤</td><td colspan="4">(1) 相关资料收集与调查，主要包括土壤条件、环境条件、社会经济条件、人口及其密度、知识层次分析、现有植物状况等。
(2) 依据实训内容，调查、搜集不同居住区建筑布置形式的情况。
(3) 总体设计并形成种植设计图、铺装设计图、效果图。
(4) 编制设计说明书。
(5) 制作文本、项目汇报PPT</td></tr>
</table>

续表

<table>
<tr><td>实训要求</td><td>(1) 图面表现能力强，设计图种类齐全，设计深度能满足施工的需要，线条流畅，构图合理，清洁美观，图例、文字标注、图幅符合制图规范。
(2) 设计说明书语言流畅，言简意赅，能准确地对图纸补充说明，体现设计意图。
(3) 方案绿化材料统计基本准确，有一定的可行性</td></tr>
<tr><td>实训内容</td><td>下图为某城市一个居住区的现状图，要求绿化做到经济、实用、美观，并具有一定的文化内涵，本项目任务是完成该居住区的景观规划设计
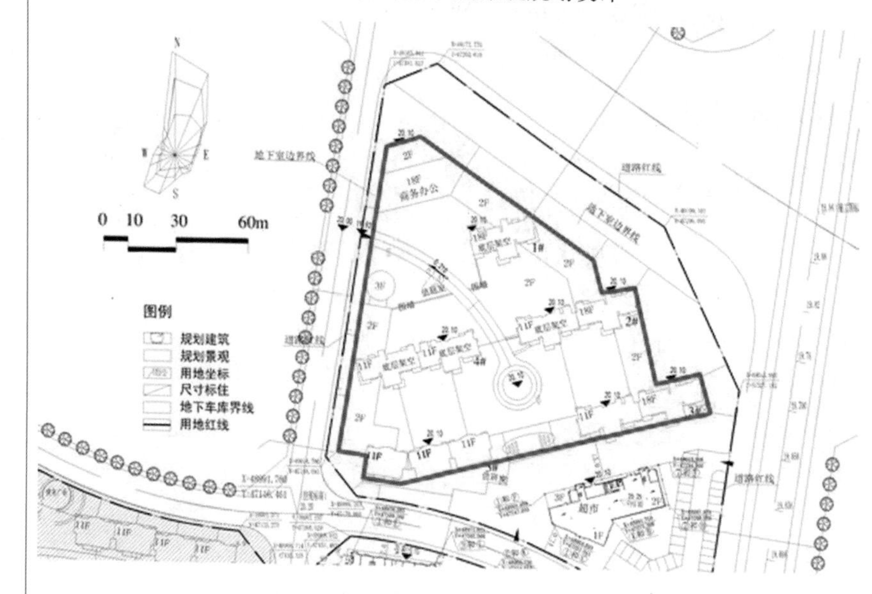
</td></tr>
<tr><td>实训成果</td><td>(1) 总平面图。
(2) 景观分析图（轴线分析图、人流分析图、视线分析图）。
(3) 重点景观立面图。
(4) 节点效果图。
(5) 植物配置图、设施小品配置图。
(6) 设计说明。
注：图纸均交纸质和电子稿制作成册</td></tr>
<tr><td>PPT汇报自评</td><td></td></tr>
<tr><td>小组互评</td><td></td></tr>
<tr><td>教师总评</td><td></td></tr>
</table>

2．评分标准

序号	考核内容	分值	得分
1	居住区绿地功能分区图、总平面图	20	
2	居住区绿地局部节点详图、剖面图、立面图	20	
3	居住区绿地植物种植图、硬质景观及铺装配置图	15	
4	居住区绿地鸟瞰图或局部效果图	15	
5	居住区绿地景观设计说明、植物名录及材料统计	10	
6	文本制作或展板设计（规范性、完整性、美观性）	10	
7	PPT汇报、项目介绍(考查表达能力、对居住区绿地设计能力的掌握程度)	10	
总分		100	

项目七

校园附属绿地景观规划设计

学习目标

(1) 掌握校园附属绿地景观设计的概念、原则与特点。

(2) 掌握校园附属绿地景观设计的内容与方法。

(3) 能够灵活运用各景观元素配置原则进行校园附属绿地景观设计。

(4) 能够规范绘制校园附属绿地景观设计功能分区图、总平面图、剖面图、立面图、植物种植图、铺装配置图、效果图(或鸟瞰图)、局部节点详图、施工图等。

(5) 能够编写校园附属绿地景观设计说明书、植物名录及材料统计。

(6) 能够制作文本、项目汇报PPT。

提出任务

图7-1所示为江苏城市职业学院应天校区平面图，总面积为63159m²，绿地面积为19991m²，绿地率为31.65%，校方要求除了满足绿地率、观赏功能、美化校园外，还要能够满足本学院环境艺术设计专业、风景园林设计专业、园林技术专业学生进行认识实习、课程实训等功能。下面我们来了解完成该校园绿地规划设计任务的全过程，并进行校园绿地规划设计项目实训。

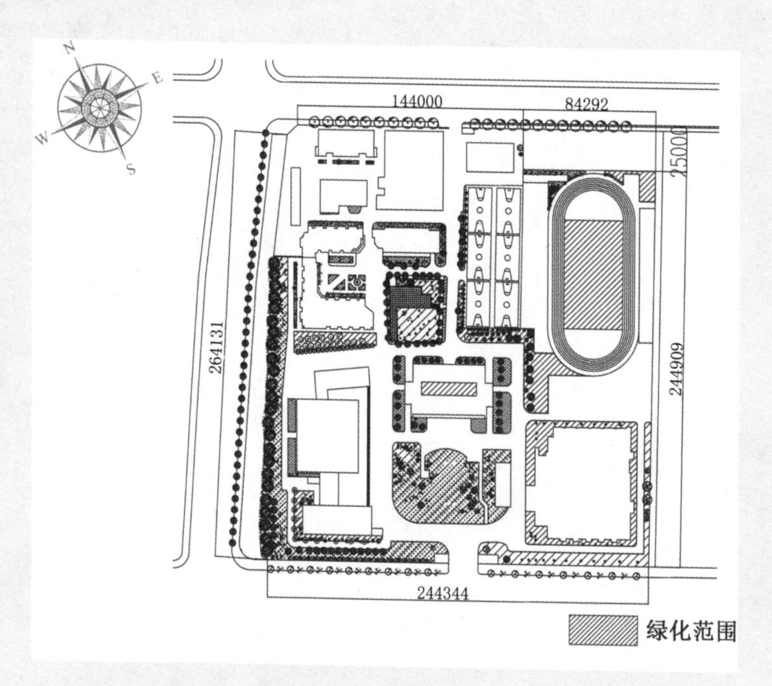

图7-1 江苏城市职业学院应天校区平面图（作者：顾兆欣）

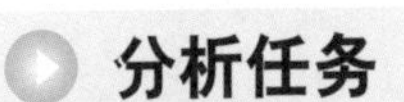

分析任务

通过对图7-1的分析，我们可以看到该校区园林景观形式多样，有广场、河滨绿带、小游园、建筑附属绿地、道路绿地等，景观元素丰富多样，具有较好的观赏功能，植物品种丰富，大部分植物以造景为主，结合校方的设计要求，我们需要解决以下几个问题。

(1) 校园绿地规划设计的思路、流程及需要注意的问题是什么？

(2) 如何在校园有限的绿地空间内，最大化地满足师生休闲与观赏功能，并通过我们的设计体现校园的文化内涵？

(3) 在设计中如何体现多样与统一的原则？

根据校方的设计要求以及园林规划设计的程序，结合建设单位的项目要求与园林规划设计项目的常规程序，该任务可分解为以下几个方面。

1．校园附属绿地调查研究

(1) 基地现状调查：现场勘查测绘，调查气候、地形、土壤、水系、植被、建筑、管线。

(2) 环境条件调查：与甲方交流了解项目概况，明确设计要求与目标，包括景观特点、发展规划、质量状况、设施情况。

(3) 设计条件调查：主要收集基地现状图，现状树木位置图，地下管线图，主要建筑平、立面图等资料。

(4) 基地分析。

2．编制校园附属绿地景观设计任务书

(1) 项目背景：介绍项目区位与定位。

(2) 滨水规划设计范围：项目规划红线具体尺度。

(3) 项目组织：按规划进度分成几个阶段完成。

(4) 规划设计的主要任务：总体要求、主要原则、主要功能。

(5) 规划设计成果：说明书、图纸。

3．校园附属绿地总体规划设计

(1) 功能分区图：表达总体规划功能分区、图例、比例尺、指北针、文字标注等。

(2) 总平面图：包括功能分区、道路广场、植物种植、硬质景观、地面铺装、比例尺、指北针、图例、尺寸标注、文字标注等。

4．校园附属绿地局部详细设计

(1) 剖、立面图：按照比例表现地形、硬质景观(建筑物、构筑物)、植物(按最佳观赏期表现)。

(2) 局部节点详图：表达局部景观节点、亮点。

(3) 鸟瞰图或效果图：表达最佳规划设计理念与设计主题。

5．设计说明书

设计说明书中应包含现状条件分析、规划原则、总体构思、总体布局、空间组织、景观特色要求、竖向规划、主要经济技术指标。

6．植物名录及材料统计

植物名录及材料统计是指本方案中使用或涉及的植物与材料图例、名称、规格、数量等。

7．工程概预算

工程概预算的项目清单计价包括材料费、人工费、机械台班费等。

8．文本制作

文本制作是把以上项目成品资料进行统一整合成册，包括设计封面、扉页、封底、页眉、页脚、页码。

9．展板制作

根据展板制作要求对本项目的成品资料进行统一整合和排版。

10．项目汇报

制作项目汇报PPT。

知识储备

单位附属绿地是城市绿地分类标准中附属绿地的一部分，主要是指城市居住用地、道路广场等交通用地以外的，分散附属于各单位公共建筑庭院，以改善和美化人工建筑环境为主要功能的绿地，如工业企业、商业金融、物流仓储、市政公用、机关团体、部队、教育机构、医疗卫生、科研设计和文体设施等各种单位建筑场地空间。单位附属绿地也就是这些单位建设用地中，围绕各种建筑设施或部分相对独立设置的环境绿地。根据单位性质与庭院环境特点不同，可将单位附属绿地概括地分为公共事业单位附属绿地和工业企业单位附属绿地两类。校园绿地类型属于公共事业单位附属绿地范畴。

一、学校园林绿地的组成

一般高职院校占地面积都较大，根据学院开设的各种不同专业有目的、有针对性地规划校园各类用地，尤其是各类城区中的院校，更是充分开发利用了现有的土地资源，在满足教学使用功能的同时，最大化地利用各种校园绿化美化形式，展现校园文化。一般高职院校功能可以分成以下七部分。

(1) 行政科研管理区绿地。

(2) 教学环境绿地。

(3) 生活区绿地。

(4) 体艺活动区绿地。

(5) 后勤服务区绿地。

(6) 道路。

(7) 绿地休闲观赏区绿地。

江苏城市职业学院应天校区功能分区图，如图7-2所示。

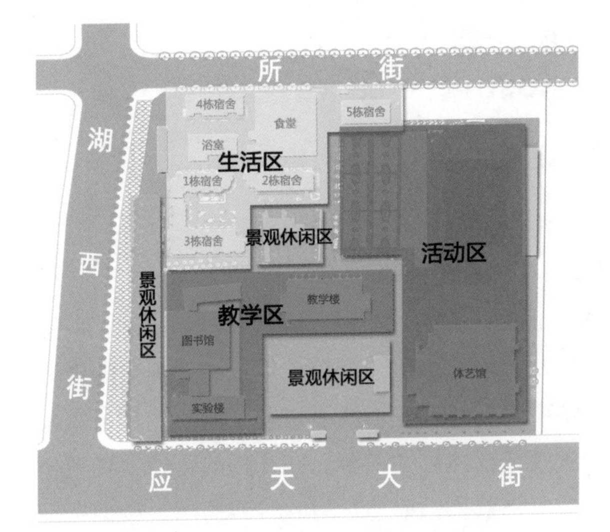

图7-2　江苏城市职业学院应天校区功能分区图（作者：顾兆欣）

二、学校园林绿化的特点

由于每所学校自身办学的特点与功能要求不同，就是在同一座城市的高职院校，都会因为专业设置的不同、办学理念的不同，校园的园林绿化要求与特色各不相同，主要特点表现在以下五点。

(1) 学校性质多样。

(2) 校舍建筑功能多样。

(3) 师生员工集散性强。

(4) 绿地指标要求较高。

(5) 学校所处的地理位置、自然条件、历史条件各不相同。

三、学校园林绿地规划原则

任何企事业单位都必须遵循统一的园林绿地规划国家级、省级或地方性法律及行业规范，同时，还要根据单位性质、类型所遵循的园林绿地规划原则。一般高职院校必须遵循的原则有以下几方面。

(1) 学校园林绿地总体规划与学校总体规划同步进行。

(2) 学校园林绿地的规划形式与学校总体布局形式协调一致。

(3) 以人为本，突出育人氛围。

(4) 以自然为本，创造良好的校园生态环境。

(5) 因地制宜，突出校园景观与文化特色。

(6) 实用与造景相结合。

(7) 绿地规划应考虑便于施工和日常管理。

四、校园局部绿化设计

校园附属绿地通常由以下几个方面组成。

1．大门与围墙的环境绿化设计

校园的大门入口部分，是大量行人、车辆的出入口，具有交通集散功能，同时起着展示校容校貌及形象的作用，是校园重点绿化美化的地段之一。一般规划以校门、办公楼或教学楼为轴线，在轴线上布置广场、花坛、水池、喷泉、雕塑和主干道，轴线两侧布置装饰或休息性绿地，在开阔的草地上种植树丛，点缀花灌木，低矮开朗，富有图案装饰效果，如图7-3和图7-4所示。校前空间的绿化要与大门建筑形式相协调，大门两侧花墙用藤本植物进行配置，以装饰观赏为主，如图7-5所示。在四周围墙处，选用常绿乔灌木自然式带状布置，或以模纹花带衬托大门及立体建筑，门前的绿化既要与街景有一致性，又体现学校特色，突出庄重典雅、朴素大方、简洁明快、安静优美的高等学府校园环境，如图7-6所示。

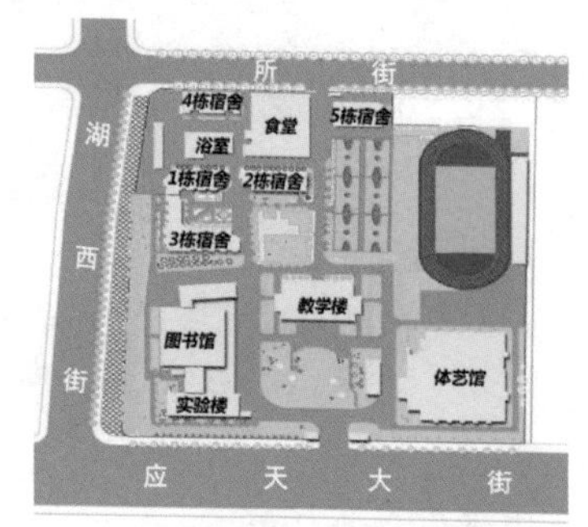

图7-3　江苏城市职业学院校园绿化示意图(作者：顾兆欣)

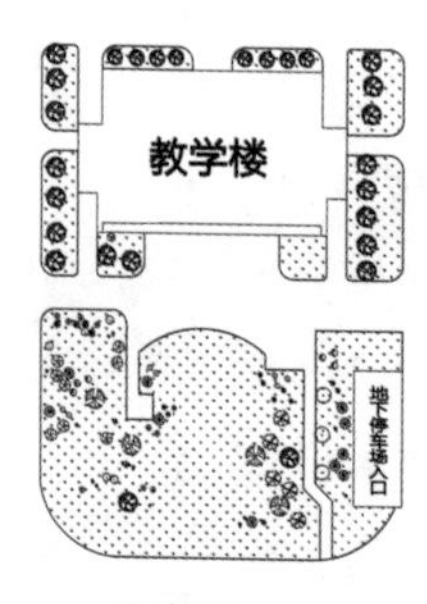

图7-4　江苏城市职业学院入口广场(作者：顾兆欣)

图7-5　江苏城市职业学院应天校区校园大门实景

图7-6　江苏城市职业学院应天校区围墙实景

2．行政科研管理区绿化

行政科研管理区不仅是行政管理人员、教师和科研人员工作的场所，也是单位管理和社会活动集中之处，并成为对外交流与服务的一个重要窗口。因此，行政办公区环境绿地景观如何，直接关系到学校在社会上的形象。

行政科研管理区绿地多采用规则式，以创造整洁而有理性的空间环境，如图7-7所示，行政办公楼前如空间较大，也可设置喷泉水池、雕塑或草坪广场等景观，使学校工作人员在工作中也能达到心灵与环境的和谐，有利于培养严谨的工作作风和科学态度，并感受到一定的约束性。如图7-8所示的植物种植设计，除衬托主体建筑、丰富环境景观和发挥生态功能以外，还注重艺术造景效果，多设置盛花花坛、模纹花坛、花台、观赏草坪、花境、对植树、树列、植篱或树木造型景观等。在空间组织上多采用开阔空间，创造具有丰富景观内容和层次的大庭园空间，给人以明朗、舒畅、多彩、美丽的景观感受。

图7-7　江苏城市职业学院应天校区办公楼

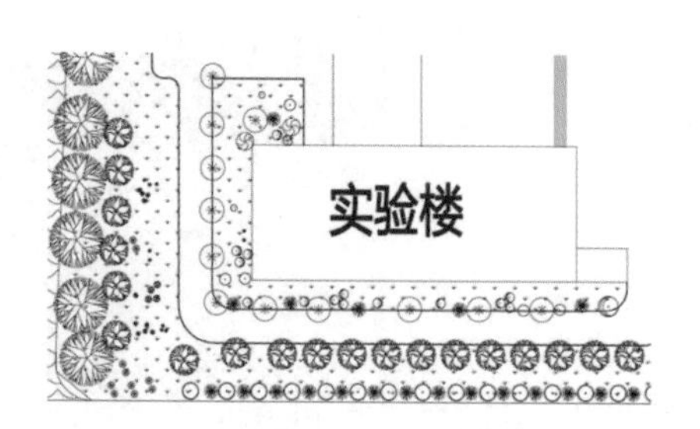

图7-8　江苏城市职业学院应天校区办公楼前种植设计（作者：顾兆欣）

办公区的花坛一般设计成规则的几何形状，其面积根据主体建筑的体量大小和形式以及周围环境空间的具体尺度而定。并考虑一定面积的广场路面，以方便人流和车辆集散，如图 7-9 和图 7-10 所示。花坛植物主要采用一二年生草本花卉和少量花灌木及球根宿根花卉，多为盛花花坛，特别是节日期间要采用色彩鲜艳丰富的草花来创造欢快、热烈的气氛，花卉植物的总体色彩既要协调，也要有一定对比效果，既美丽，又柔和，既活泼热烈，又不乏沉稳与理性，如图 7-11 和图 7-12 所示。

图7-9　江苏城市职业学院应天校区办公楼前

图7-10　江苏城市职业学院应天校区办公楼后

图7-11　芬兰赫尔辛基大学盛花花坛

图7-12　瑞典斯德哥尔摩大学盛花花坛

3. 教学区绿化

教学区是高等院校的一个重要功能区，是学校师生教学活动的主要场所，其环境要求安静、卫生、优美，同时还要能满足师生课间休息、集会、交流等活动的需要，具有良好的尺度，能够观赏到优美的植物景观，呼吸新鲜空气，身心放松，调整情绪，消除疲劳。

图7-13　丹麦哥本哈根商业学校教学楼前草池

教学区环境以教学楼为主体建筑，环境绿地布局和种植设计的形式与大楼建筑艺术相协调。现代校园教学区环境多采用规则式布局，植物造景可采用规则式或混合式。如图7-13～图7-15所示，教学楼周围的植物景观以树木为主，且常绿树与落叶树相结合。楼前绿地较大的空间，还可设置开阔的草坪，供学生课间休息活动，消除上课的紧张和疲劳。整个教学区环境以绿色植物造景为主，创造安静和空气清新的教学环境，同时也可点缀一些香花植物和观花树木或草花，如桂花、栀子花、广玉兰、蜡梅、瑞香、白兰花、含笑、杜鹃、红花酢浆草、鸢尾、美人蕉等。香花植物开花时释放出使人感到心情舒畅的香气，使紧张的大脑得到清醒和放松，有利于提高学习效率。观花植物则使绿色环境在色彩上产生变化，具有一定彩化和美化作用，但色彩鲜艳的植物景观应用不宜过多过繁，应与教学区宁静、幽雅的环境氛围协调统一，如图7-16所示。

图7-14　江苏城市职业学院应天校区教学楼后广场

图7-15　江苏城市职业学院应天校区教学楼前广场

图7-16　江苏城市职业学院应天校区缀花草坪

4．生活区绿化

高等学校校园还常分学生生活区、教职工生活区和学校食堂周围区域。

1）学生生活区绿化

学生生活区是学生课余生活比较集中的区域，绿地设计要注意满足其功能性，要充分考虑方便学生生活，采用合适的绿地类型，用地条件允许时通常规划设置小游园及休息、读书场地，高大荫浓乔木，较大面积的户外绿色空间，以满足学生课余学习和休憩需要，如图7-17所示。

(a)

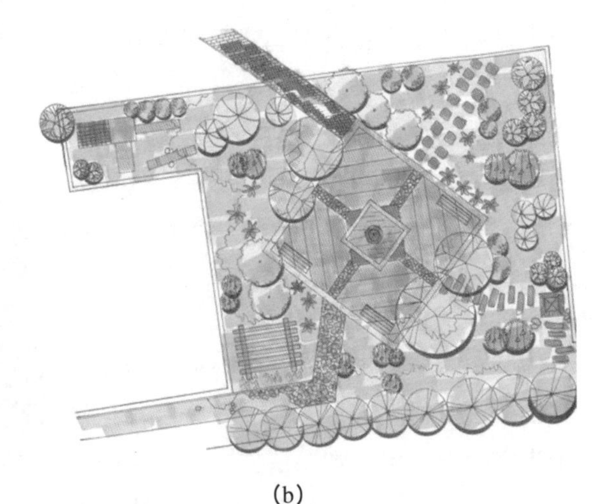

(b)

图7-17　学生宿舍区景观设计作品（作者：高丽）

为方便师生学习、工作和生活，校园内设置有生活区和各种服务设施，是丰富多彩、生动活泼的区域。如图7-18和图7-19所示，学生生活区绿化应以校园绿化基调为前提，根据场地大小，兼顾交通、休息、活动、观赏诸功能，因地制宜地进行设计。在食堂、浴室、商店、银行、邮局前要留有一定的交通集散及活动场地，周围可留基础绿带，种植花草树木，活动场地中心或周边可设置花坛或种植庭荫树，以方便休闲与欣赏。

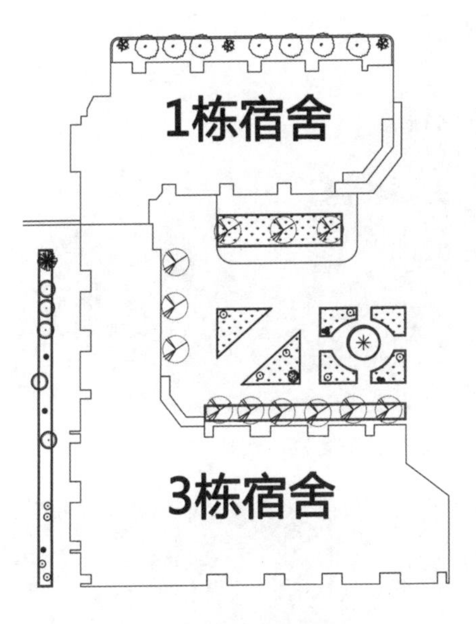

图7-18　江苏城市职业学院应天校区男生宿舍绿化（作者：顾兆欣）

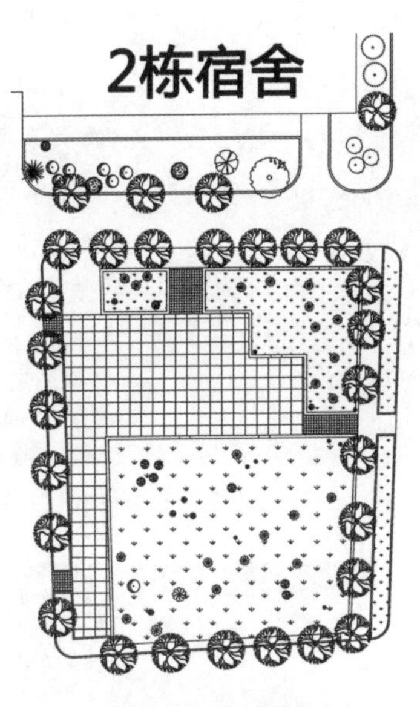

图7-19　江苏城市职业学院应天校区女生宿舍绿化（作者：顾兆欣）

学生宿舍区绿化可根据楼间距大小，结合楼前道路进行设计，如图7-20所示，宿舍楼与楼之间，一般都留有较宽敞的空间，其环境绿地多以草坪加铺装地面，并适当点缀花灌木和宿根花卉，路边也可采用坐凳围护，留有出入口，草坪选择低矮和耐踩踏的草种，如结缕草、狗牙根等。学生宿舍由于住宿密度较大，室内空气流通和自然采光很重要，在宿舍近楼处不宜种植高大乔木。如图7-21和图7-22所示的宿舍楼前场地较大，可结合行道树，进行基础栽植或硬化铺装，形成封闭式的观赏性绿地，或布置成庭院式休闲性绿地，铺装地面、坐凳、花坛、花架、基础绿带和庭荫树池结合，形成良好的学习、休闲场地。

图7-20　丹麦哥本哈根大学学生公寓

图7-21　江苏城市职业学院应天校区男生宿舍楼前实景

图7-22　江苏城市职业学院应天校区学生宿舍休闲广场

2）教职工生活区绿化

教职工生活区一般单独布置，或者位于校园一隅，与其他功能区分开，以求安静、清幽。其绿地分布与普通居住区无差别，具备遮阴、美化和游览、休息、活动功能，多采用规则式布局，与一般居住区环境绿化要求相似。宅旁绿地景观以花灌木、草坪和多年生草花及地被植物为主，楼间距较大时，也可适当点缀乔木。如图7-23所示为教工生活区内常需要规划设置小游园或小花园等游憩绿地，供教职工业余社交、休息或健身活动需要，设置花台、花坛、水池、花架、凉亭、坐凳等园林建筑小品，并具有一定面积的铺装场地和儿童游戏场地，围墙、栅栏处可充分利用攀缘植物进行垂直绿化和美化。

图7-23　江苏城市职业学院应天校区休闲区

3）学校食堂周围绿化

学校食堂周围绿化以卫生、整洁、美观为原则，选用生长健康、无毒、无臭、无污染和抗虫树种，综合考虑防火、防爆、防尘、吸尘作用的种类。

5. 体育活动区绿化

体育活动区一般规划在远离教学区和行政管理区，靠近学生生活区的地方，一方面有利于学生就近进行体育活动，另一方面又避免体育活动噪声对其他功能区的影响。如图7-24所示为体育活动区外围常用隔离绿带，将之与其他功能区分隔，减少相互干扰。

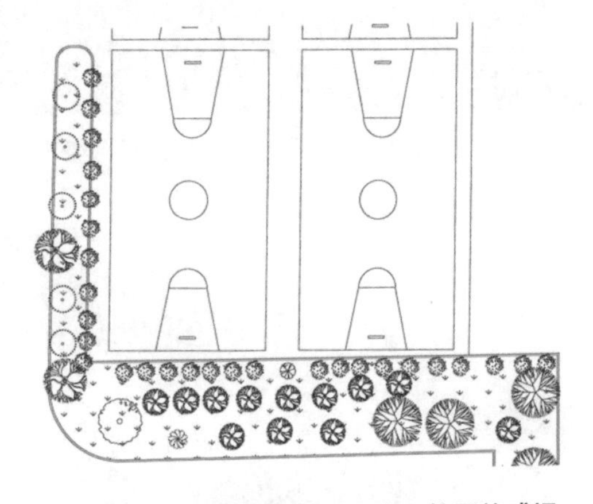

图7-24　江苏城市职业学院应天校区篮球场绿化布置（作者：顾兆欣）

其环境绿地设计要充分考虑运动设施和周围环境的特点。如图7-25所示，体育活动区一般在场地四周栽植高大挺拔、树冠整齐、分枝点高的落叶大乔木，下层配置耐阴的花灌木，形成一定层次和密度的绿荫，能有效地遮挡夏季阳光的照射和冬季寒风的侵袭，减弱噪声对外界的干扰，创造

图7-25　江苏城市职业学院应天校区篮球场实景

休息林荫空间，不宜种植带有刺激性气味、易落花落果或种毛飞扬的树种。如图7-26所示，看台树木种植通常在看台或主席台后侧及左右两侧，以免影响观看比赛。

体育馆主体建筑的造型通常就是一道景观，如图7-27和图7-28所示。其周围的绿地应与建筑风格相衬托、相呼应，如图7-29所示。可在大门两侧设置花台或花坛，在碧绿的草坪中配以冠型丰满的乔灌木点缀。

图7-26　江苏城市职业学院应天校区看台绿化

图7-27　江苏城市职业学院应天校区体育馆(1)

图7-28　江苏城市职业学院应天校区体育馆(2)

图7-29　江苏城市职业学院应天校区体育馆(3)

6．专业实习场地绿化

(1) 绿化植物要衬托主体建筑，美化环境。

(2) 保证生产安全，环境卫生的需要，减少环境污染。

(3) 结合场地、地形、土壤、水分等条件，环境污染等情况，因地制宜，合理布局。

7．学校道路绿化设计

如图7-30所示，学校道路对各功能区起着联系与分隔的双重作用，且具有交通运输功能。如图7-31所示，道路绿地位于道路两侧，除行道树外，道路外侧绿地与相邻的功能区绿地融合。如图7-32所示，校园道路两侧行道树应以高大挺拔、树冠整齐、分枝点高的落叶大乔木为主，构成道路绿地的主体和骨架，浓荫覆盖，有利于师生们的工作、学习和生活。如图7-33所示，在行道树外还可以种植草坪或点缀花灌木，形成色彩、层次丰富的道路景观。

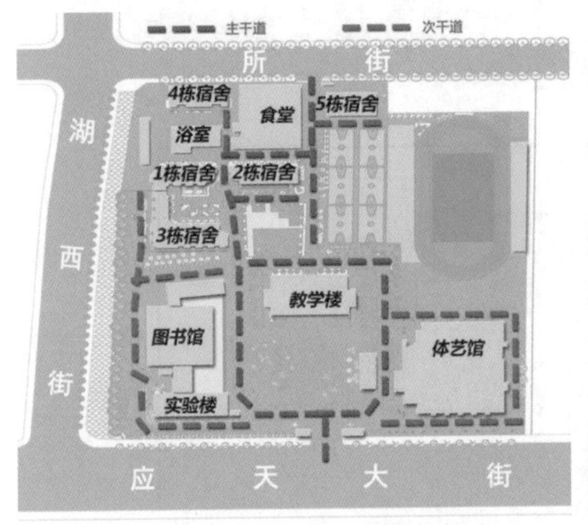

图7-30　江苏城市职业学院应天校区交通图（作者：顾兆欣）

图7-31　江苏城市职业学院应天校区行道树与广场融合

图7-32　江苏城市职业学院应天校区行道树

图7-33　江苏城市职业学院应天校区路边小景

8．休闲观赏区绿地

游憩绿地规划要根据校园总体规划布局，因地制宜，综合权衡，如图7-34所示，在校园的重要地段设置花园式或游园式绿地，是庭园环境中景观类型较多、功能健全、园林艺术和景观质量最高的绿地空间，也是校园附属绿地建设的重点和亮点，既美化环境，又能方便师生休息和赏景，是整个单位庭园户外空间的一个重要组成部分，还起着陶冶情操、美化环境、树立学校形象的作用，如图7-35所示。

大型校园可能需要规划多个游憩绿地，此时应考虑好游憩绿地在整个校园中的平衡布局，供师生休闲、交往、观赏、游览和读书，以满足各个功能区人群的使用，校园的花圃、苗圃、气象观测站等科学实验园地，以及植物园、树木园也可以园林形式布置成休息游览绿地，充分发挥游憩绿地的综合功能和效益。如图7-36～图7-38所示，休息游览绿地规划设计构图的形式、内容及设施，要根据场地地形地势、周围道路、建筑等环境，充分利用自然山区、水塘、河流、林地等自然条件，综合考虑、合理布局，因地制宜地进行。这是校园绿化的重点部位。

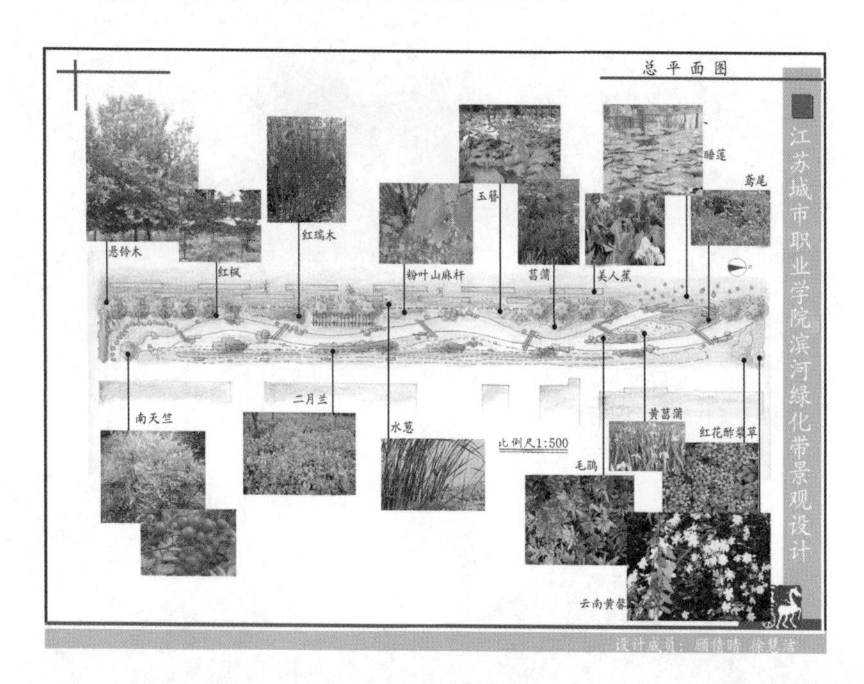

图7-34　校园滨水景观（作者顾倩晴、徐慧洁）

图7-35　江苏城市职业学院应天校区校训处绿地景观

图7-36　江苏城市职业学院应天校区学生宿舍绿地景观

图7-37 江苏城市职业学院应天校区滨水绿地景观

图7-38 江苏城市职业学院应天校区办公楼边景观

五、园林植物造景设计

1．园林植物造景意义

园林植物造景是园林规划设计的一项重要内容，在园林环境景观营造中具有十分重要的地位和意义。

首先，以植物景观为主，是现代园林与户外景观空间建设的基本原则。我国有关园林规划设计规范中明确制定了植物在园林景观空间用地中的主导比例。如综合公园、居住区公园等公园绿地中植物种植面积比例必须大于75%；动物园植物种植面积比例必须大于70%；儿童公园因规模小、设施多，种植用地也必须大于65%。

其次，园林环境的三大效益之首为生态效益。而生态效益的体现，主要依靠以植物群落景观为主体的自然生态系统和人工植物群落环境。植物造景的科学与否，直接关系到植物群落景观的稳定与持续发展，进而关系到整个系统的生态作用。

最后，园林环境整体景观艺术效果直接受植物造景影响，而且是影响性最大的。植物种植能否在科学性原则的指导下，进行艺术化的精心布局和设计，关系到整个园林环境的质量水平和景观艺术效果。

2．园林植物造景分类

校园植物造景通常是最能体现校园景观文化特色的，如武汉大学的樱花节。

1）树木造景

树木造景是指对各种园林树木包括乔木、灌木(尤其是花灌木)及木质藤本植物等进行造景，如图7-39和图7-40所示。

如图 7-41 和图 7-42 所示，树列景观常用于道路边、分车绿带、建筑物旁、水际、绿地边界、花坛等种植布置，形成树列景观。如图 7-43 和图 7-44 所示，行道树就是最常见的树列景观之一，行道树树种选择要认真考虑各种环境因素，充分体现行道树保护和美化环境的功能，科学、正确地选择适宜的树种，一般要求具有适应性强、姿态优美、生长健壮、树冠宽大、萌芽性强、无污染性等特点，尽量选用无花粉过敏性或过敏性较少的树种，如香樟、女贞、刺槐、乌桕、水杉、黄杨、榔榆、冬青、银杏、梧桐等。同时，树列形式也可以根据造景需要进行组合，如图 7-45 和图 7-46 所示。

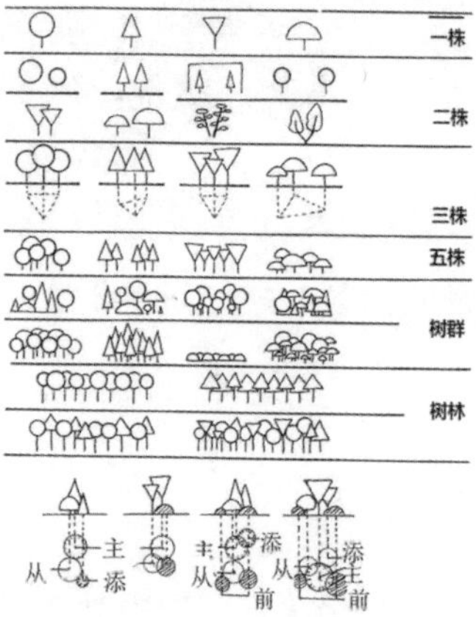

一株
二株
三株
五株
树群
树林
主 从 添
主 从 添 前
从 添 主 前

图7-39　树木造景组合模式

图7-40　南京绿博园树木造景

图7-41　芬兰哥本哈根圆形树阵

图7-42　芬兰哥本哈根商业学校校园

图7-43　香樟树列

图7-44　悬铃木树列

图7-45　铅笔柏树列

图7-46　绿篱与花灌木树列

孤景树景观是作为园林局部空间的主景构图而设置的，以表现自然生长的个体树木的形态美，或兼有色彩美，在功能上以观赏为主，同时也具有良好的遮阴效果，如图7-47和图7-48所示。树种有香樟、榕树、悬铃木、朴树、雪松、银杏、七叶树、广玉兰、金钱松、油松、薄壳山核桃、麻栎、云杉、桧柏、白皮松、枫香、白桦、枫杨、乌桕等。

图7-47　大树

图7-48　夫妻树

如图7-49~图7-51所示，对植树常应用于园林绿地的路端、建筑入口、公园两侧、花园出入口、桥头与石级两侧、庭院左右等。如图7-52所示，在某单位大门前对称布置花坛，对植花灌球，一般对植多选用形态美观、树冠整齐、花叶娇美的树种，有香樟、雪松、龙柏、龙爪槐、南洋杉、云杉、柳树、苏铁、棕竹、桧柏、棕榈、碧桃、紫玉兰、垂丝海棠、樱花、慈竹、桂花、黄杨、海桐、五针松、白皮松、罗汉松等。

图7-49　公园两侧

图7-50　道路两侧

图7-51　公园侧门入口

图7-52　某单位大门前

树丛在园林绿地中应用广泛，可用于草坪、水边、河畔、岛屿、岗坡、道旁、花境、花坛、树坛，以及庭院角隅、建筑一侧、园路转折等处，布局配置自由灵活，形式多样，丰富多彩。如图7-53和图7-54所示，树林丛植于草坪；如图7-55所示，竹林丛植于建筑一隅；如图7-56所示，花灌木丛植于草坪。

图7-53　瑞典斯德哥尔摩大学树林丛植

图7-54　棕榈科丛植

图7-55　江苏城市职业学院应天校区竹林丛植

图7-56　花灌木丛植

2）花坛、花台、花境

花坛是指在低矮的(一般为10～30cm)，有一定几何形轮廓的植床内，以园林草花为主要材料布置而成的，具有艳丽色彩或图案纹样的园林景观，如图7-57和图7-58所示，常用于公园、小游园、街道、广场、建筑物前等。花坛的类型有独立花坛、盛花花坛、平面模纹花坛、立体模纹花坛、混合花坛、带状花坛、组合花坛(花坛群)、连续花坛群、水上花坛等。如图7-59所示为盛花花坛，选用一串红、福禄考、矮雪轮、矮牵牛、金盏菊、孔雀草、万寿菊、雏菊、三色堇、石竹、美女樱、千日红、百日草、宾菊、银白菊、雏菊、羽衣甘蓝等。如图7-60所示为立体模纹花坛，设计选用植物要求植株矮小，枝密叶细、耐修剪的苋科植物小叶红、小叶绿、小叶黑、花大叶等，或景天科的白草、佛甲草等。

图7-57　带状花丛花坛

图7-58　浮雕花坛

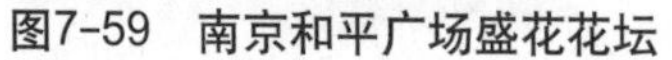

图7-59　南京和平广场盛花花坛

图7-60　立体模纹花坛

花台是指在较高的（一般为 40 ～ 100cm）空心台座植床中填土或人工基质，主要表现花卉的色彩、芳香、形态以及花台造型等综合美，规则形花台植物种植除选用草花外，也较多地运用小型花灌木和盆景植物，如月季、牡丹、迎春、五针松等，在单位附属休闲广场设置花台，如图 7-61 所示。在道路设置花台，如图 7-62 所示。在小游园设置花车，如图 7-63 所示。在建筑前设置花台，点缀城市园林景观，如图 7-64 所示。

图7-61　南京军区总院广场花台

图7-62　道路花台

图7-63　花车

图7-64　芬兰赫尔辛基大学花台

花境是以多年生草花为主，结合观叶植物和一二年生草花，沿花园边界或路沿布置而成的一种园林植物景观。如图 7-65 ～图 7-70 所示，花境外形轮廓较为规整，内部花卉的配置成丛或成片自由变化，多为宿根、球根花卉，亦可配置点缀花灌木、山石、器物等，花境设计常用草花与花灌木，有美人蕉、大丽花、小丽花、萱草、波斯菊、金鸡菊、芍药、蜀葵、黄秋葵、沿阶草、麦冬、射干、玉簪、紫茉莉、菊花、水仙、郁金香、风信子、葱兰、石蒜、韭兰、三叶草、唐菖蒲、一叶兰、紫露草、常春蔓、球根海棠、吊竹梅、南天竹、梅花、凤尾竹、五针松、棣棠、丁香、月季、牡丹、玫瑰、金钟、珍珠梅、榆叶梅、金丝桃、杜鹃、蜡梅、棕竹、朱蕉、变叶木、十大功劳、红枫、龙舌兰、苏铁、铺地柏、茶花、寿星桃、矮生紫薇、贴梗海棠等。

图7-65　南京军区总医院花境1

图7-66　南京军区总医院花境2

图7-67　赫尔辛基·国家博物馆花境①

图7-68　混合花境

图7-69　单面观赏花境

图7-70　独立演进花境

注：①图7-67来源于http: //www.sg560.com.

3）草坪

草坪按功能不同可分为观赏草坪、游憩草坪、体育草坪、护坡草坪、飞机场草坪和放牧草坪等。草坪植物的选择应依草坪的功能与环境条件而定。如图7-71所示为观赏草坪，要求草坪植株低矮，叶片细小美观，叶色翠绿且绿叶期长等，如天鹅绒、早熟禾、马尼拉、紫羊茅等。如图7-72～图7-74所示为游憩活动草坪和体育草坪，应选择耐践踏、耐修剪、适应性强的草坪草，如狗牙根、结缕草、马尼拉、早熟禾等。如图7-75所示为护坡草坪，要求选用适应性强、耐旱、耐瘠薄、根系发达的草种，如结缕草、白三叶、百喜草、假俭草等。湖畔河边或地势低凹处应选择耐湿草种，如细叶苔草、假俭草、两耳草等，如图7-76所示。树下及建筑阴影环境应选择耐阴草种，如两耳草、细叶苔草、羊胡子草等。

图7-71　江苏城市职业学院应天校区草坪

图7-72　芬兰赫尔辛基工业大学露天讲堂

图7-73　丹麦哥本哈根商业学校道路草坪

图7-74　丹麦哥本哈根商业学校休闲草坪

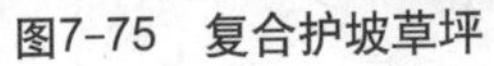

图7-75　复合护坡草坪

图7-76　湖岸护坡草坪

4）水生植物

在校园水景设计时，可以通过挺水植物、浮叶植物、漂浮植物、沉水植物等进行造景，如荷藕、芡实、芦苇、荷花、睡莲、王莲、香蒲、水葱、菱等。植物选配时注意水体深浅及水面环境特点，多种植物搭配时，既要满足生态要求，如水体的净化与修复，又要注意主次分明、高低错落，形态、叶色、花色等搭配协调，获得优美的景观构图，使校园景观类型更为丰富，如图7-77和图7-78所示。

图7-77　南京绿博园修复型水生植物

图7-78　净化型水生植物[①]

5）攀缘植物选择

园林生态环境各种各样，不同植物对生态环境要求也不相同。因此，设计时要注意选择适生攀缘植物。如墙面绿化要考虑朝向，向阳面要选择喜光耐旱的植物，而背阴面则要选择耐阴植物。南方多选用喜温树种，北方则必须考虑植物的耐寒能力。

注：①图7-78来源于http: //image.baidu.com.

选择具有较高观赏价值的攀缘植物，并注意与攀附的建筑、设施的色彩、风格、高低等配合协调，以取得较好的景观效果。如图7-79和图7-80所示，灰色或暗淡墙面，选用色彩明艳的攀缘植物就较为理想。要求有一定彩化效果时，多选用观花植物，如多花蔷薇、三角花、云实、凌霄、紫藤等，如图7-81和图7-82所示。

图7-79　芬兰赫尔辛基大学灰墙绿藤

图7-80　蔷薇①

图7-81　瑞典斯德哥尔摩大学褐墙绿藤

图7-82　南京军区总医院紫藤

知识拓展

单位附属绿地概括地分为公共事业单位附属绿地和工业企业单位附属绿地两类。

1．公共事业单位附属绿地

公共事业单位附属绿地包括行政机关、学校、科研院所、卫生医疗机构、文化体育设施、商业金融机构、社会团体机构、旅游娱乐设施等单位的庭院环境绿地。这类绿地主要是为各类场所从事的办公、学习、科学研究、疗养健身、旅游购物、经营服务乃至生活居住提供良好的生态环境。

2．工业企业单位附属绿地

工业企业单位附属绿地简称工业企业绿地，包括各类生产资料、生活资料制造

注：①图7-80来源于http: //tp.wysj114.com.

或加工等工业企业单位的庭院附属绿地。这类附属绿地以减轻因各种生产活动造成的环境污染或改善和提高企业生产与经营活动环境质量为主要功能。企业性质和规模不同，其绿地规划设计的内容与指标要求有所不同。

案例展示

一、广场景观规划设计项目

江苏城市职业学院教学楼前广场景观规划设计，如图7-83所示。

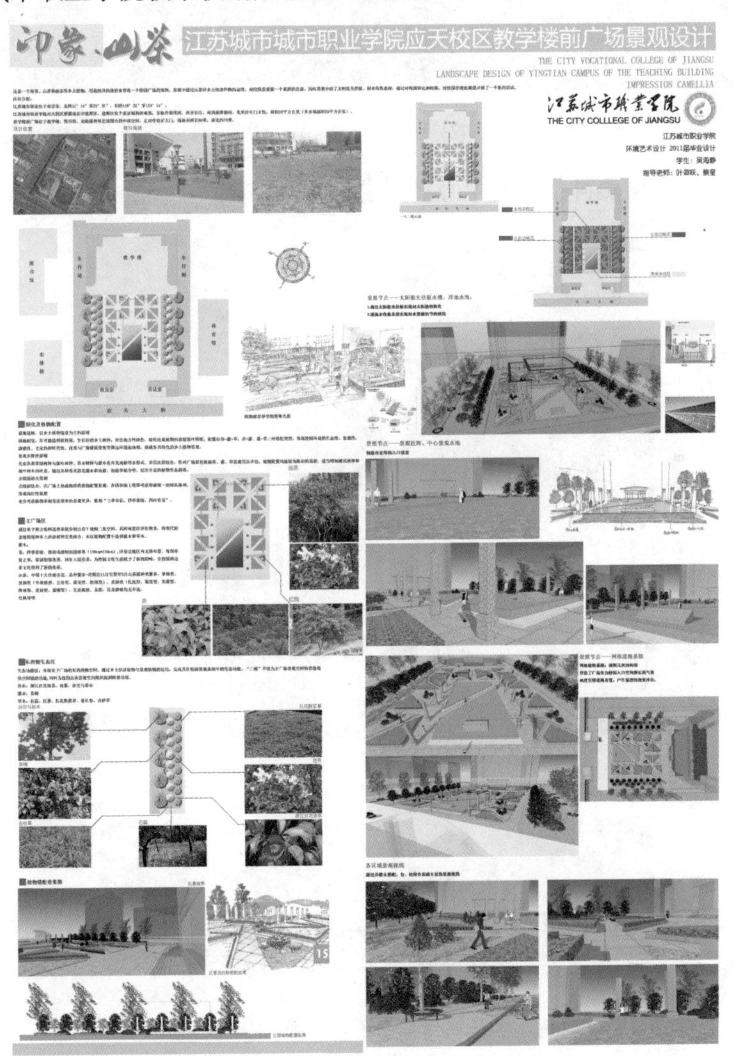

图7-83　江苏城市职业学院应天校区校园广场规划设计展板

二、公共事业单位附属绿地景观规划设计项目

公共事业单位附属绿地景观规划设计，如图7-84～图7-88所示。

图7-84　常熟科技创业中心效果图[①]

图7-85　常熟科技创业中心夜间效果图

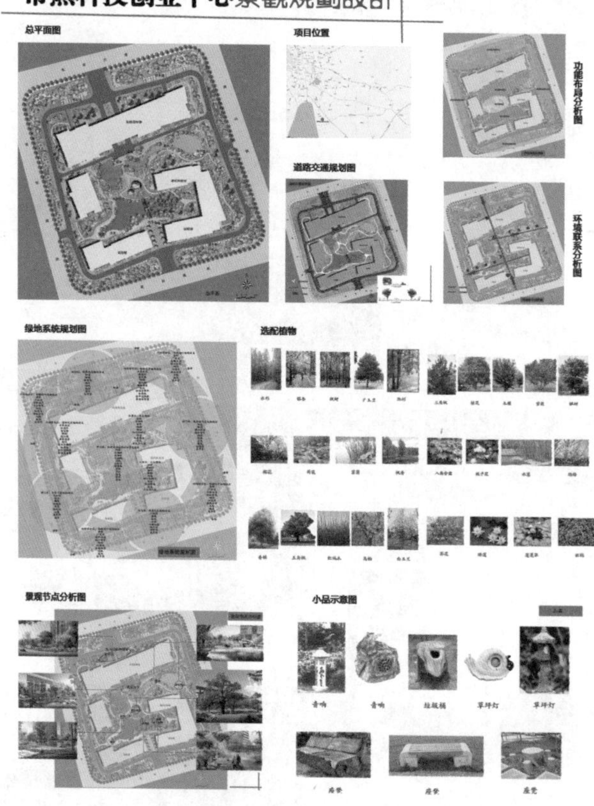

图7-86　常熟科技创业中心景观规划设计展板[②]

注：①图7-84来源于http: //image.baidu.com.

②图7-86来源于http: //image.baidu.com.

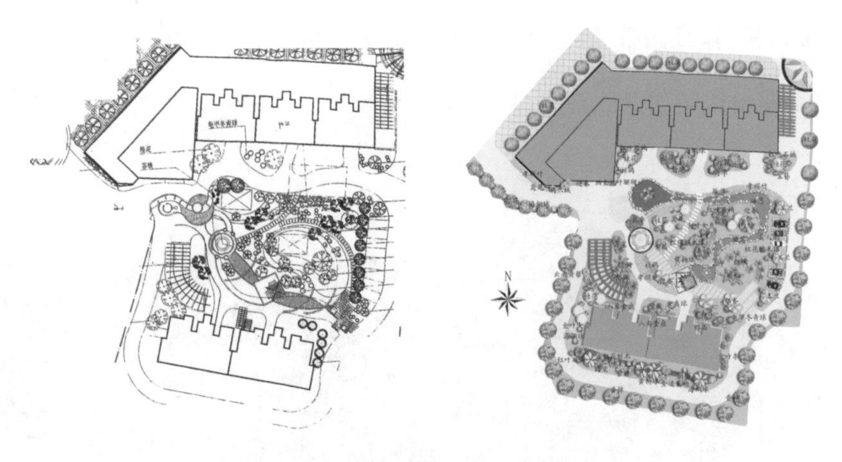

图7-87　南京鼎业国际花园景观设计

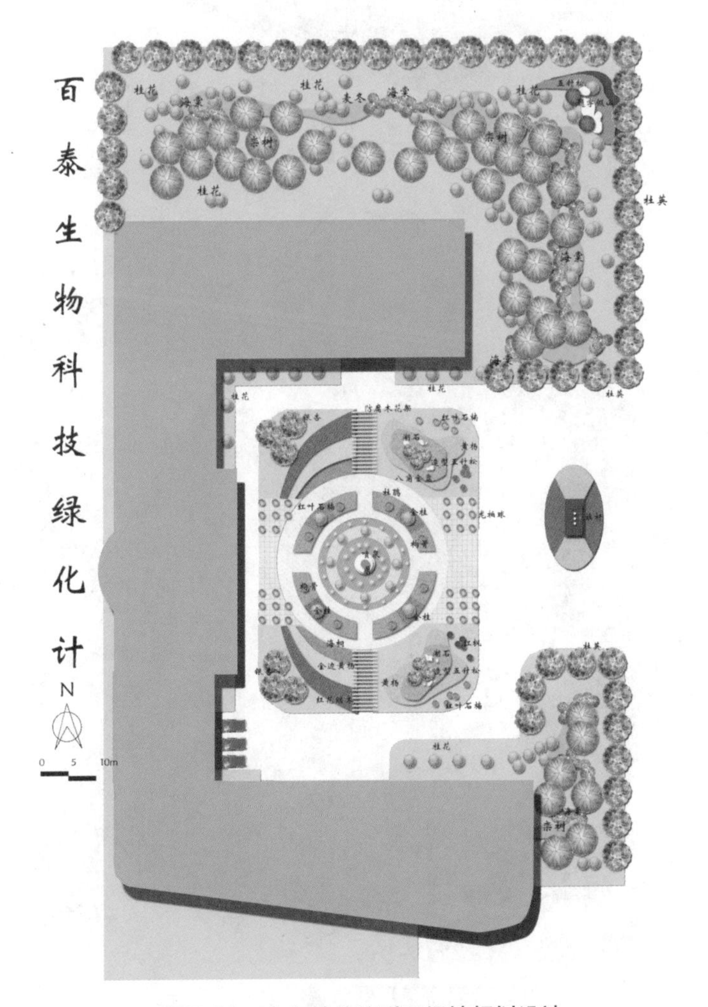

图7-88　南京某单位附属绿地规划设计

三、工业企业单位附属绿地景观规划设计项目

工业企业单位附属绿地景观规划设计，如图7-89和图7-90所示。

图7-89　南汽三号路景观设计效果图

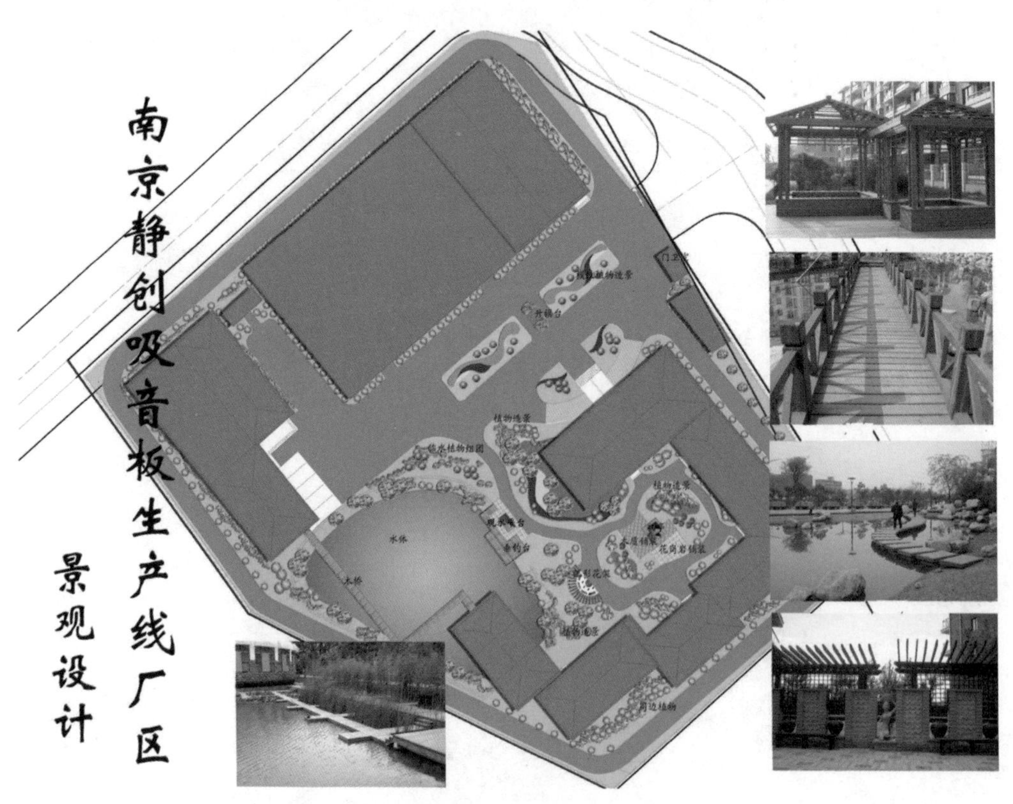

图7-90　南京某厂区附属绿地景观设计

学生作品

一、南京军区总医院附属绿地复原设计

根据对南京军区总医院附属绿地景观现场调研，进行图片、数据采集与分析，对该单位附属绿地种植进行复原设计，如图7-91～图7-95所示。

图7-91　南京军区总医院实景图(1)

图7-92　南京军区总医院实景图(2)

图7-93　南京军区总医院实景图(3)

图7-94　南京军区总医院实景图(4)

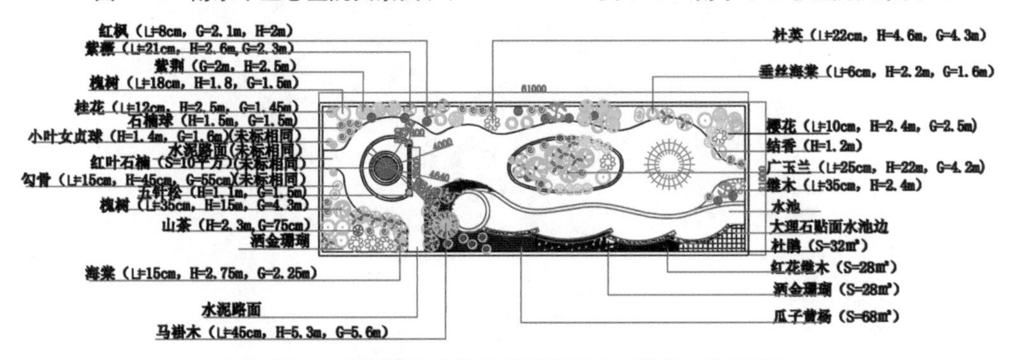

图7-95　南京军区总院种植设计复原图（作者：陈江涛）

二、定淮门东校区景观改造项目

江苏城市职业学院定淮门东校区景观改造设计，如图7-96～图7-99所示。

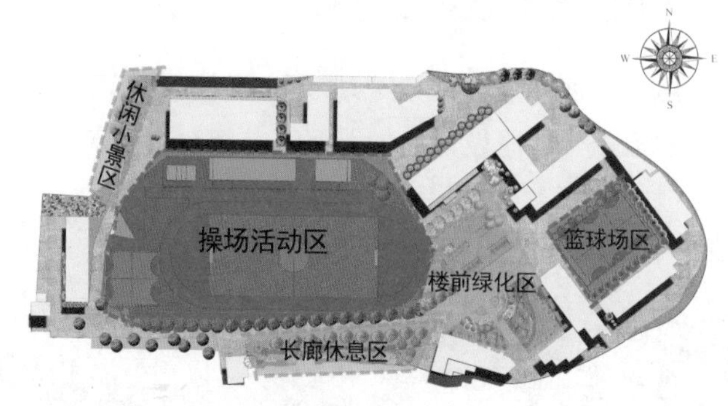

图7-96　功能分区图（作者：唐春红）

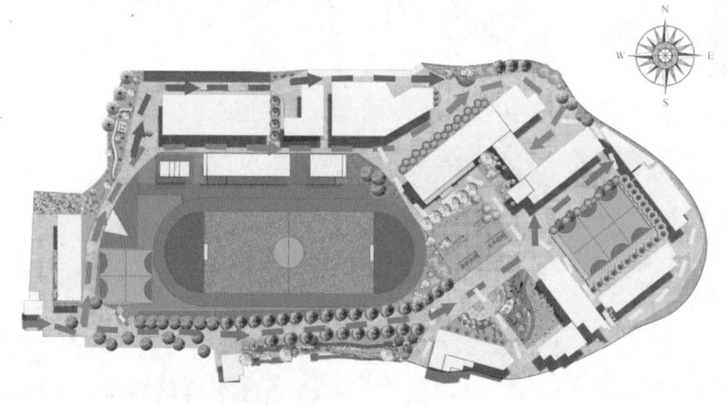

图7-97　道路流线图（作者：王见潇）

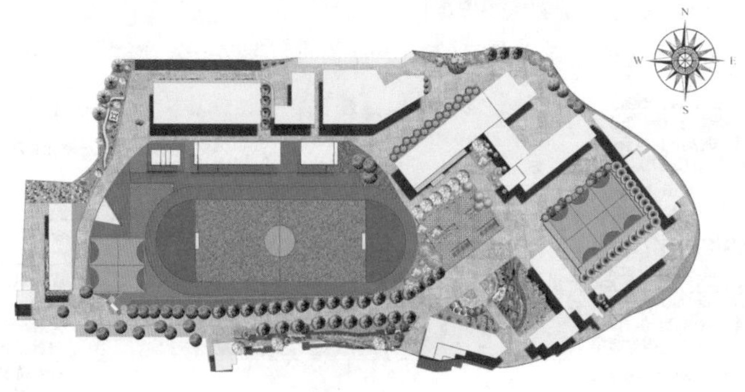

图7-98　总平面图（作者：沈雅倩）

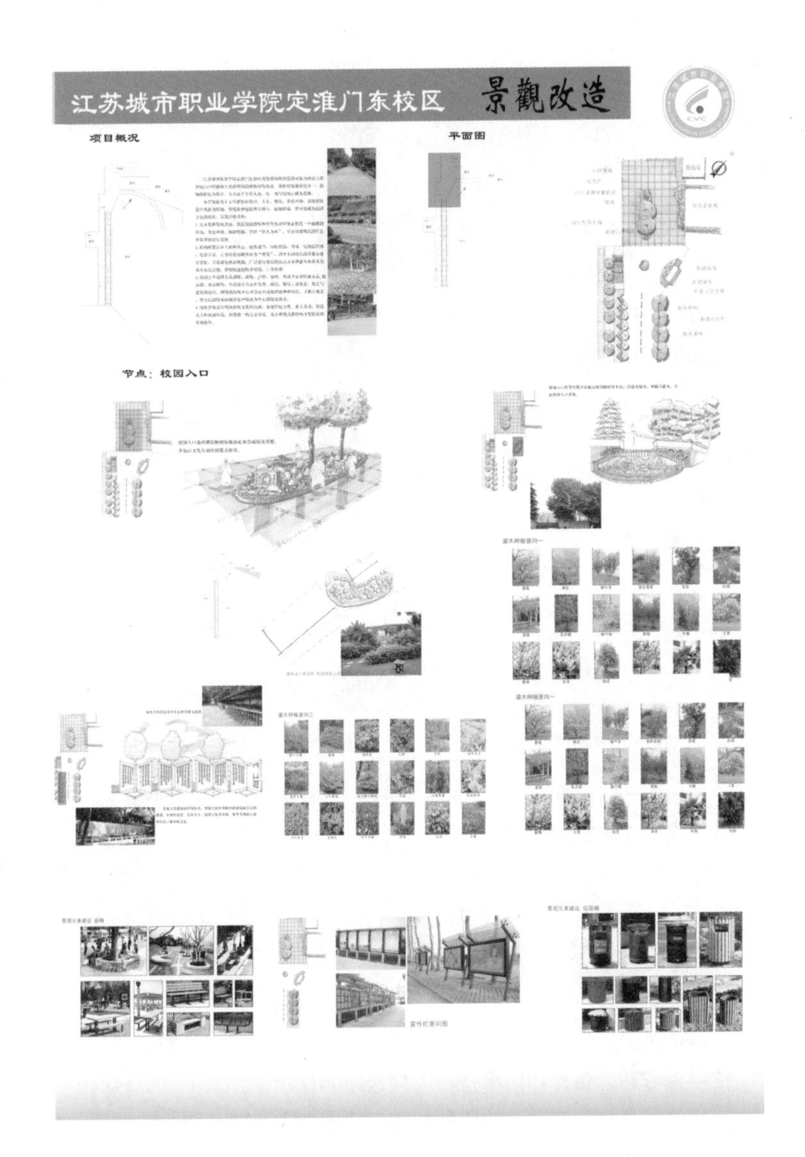

图7-99　江苏城市职业学院定淮门东校区景观改造设计展板（作者：王秋香）

项目设计依据

校园附属绿地项目设计一般有以下依据。

(1)《城市园林绿化技术操作规程》(DB51/510016-1998)。

(2) 《城市绿化条例》。

(3)《江苏省城市附属绿地建设导则》。

(4)《江苏省城市居住区和单位绿化标准》。

(5)《江苏省城市绿化管理条例》。

(6)《江苏省园林绿化工程质量评定标准》。

(7)《江苏省城市园林绿化植物种植和养护技术规定》。

(8)《江苏省节约型园林绿化指导意见》。

(9)《江苏省节约型园林绿化范例集》。

任务实施

1. 实训任务单

《某高校附属绿地规划设计》实训任务单

班级：________________ 指导教师：________________

姓名：________________ 学号：________________

实训名称	某高校附属绿地景观规划设计	实训时间	
参与成员		实训场地	
实训目标	能力目标： (1) 熟悉高校附属绿地类型。 (2) 掌握高校附属绿地规划设计的方法与步骤。 (3) 按照现有环境条件和风格进行附属绿地的景观设计。 (4) 规范绘制高校附属绿地功能分区图、总平面图、立面图、效果图、施工图。 (5) 设计说明书、植物名录及材料统计、工程概预算。 (6) 制作文本和项目汇报PPT		
	知识目标： (1) 高校附属绿地原则和相关法规。 (2) 高校附属绿地景观设计的基本原理。 (3) 高校附属绿地规划设计的程序。 (4) 高校附属绿地景观设计元素		

续表

实训步骤	(1) 高校附属现场勘查调查、与高校交流了解项目概况。 (2) 搜集项目图文资料、高校总规划图、管道图纸进行方案分析、目标定位。 (3) 编制高校附属绿地规划设计任务书。 (4) 绘制草图与高校沟通、听取修改意见。 (5) 高校附属绿地总体规划设计规范制图，完成高校附属绿地功能分区图、总平面图。 (6) 高校附属绿地局部详细设计立面图、效果图、施工图。 (7) 设计说明书、植物名录及材料统计、工程概预算。 (8) 制作文本和项目汇报PPT
实训要求	(1) 总体规划意图明显，符合高校附属绿地性质、功能要求，布局合理，自成系统。 (2) 种植设计树种选择正确，能因地制宜地运用种植类型，符合构图要求，造景手法丰富，能与道路、地形地貌、山石水、建筑小品相结合。空间效果较好，层次、色彩丰富。 (3) 图面表现能力强，设计图种类齐全，设计深度能满足施工的需要，线条流畅，构图合理，清洁美观，图例、文字标注、图幅符合制图规范。 (4) 设计说明书语言流畅，言简意赅，能准确地对图纸补充说明，体现设计意图。 (5) 方案绿化材料统计基本准确，有一定的可行性。 (6) 制作文本、项目汇报PPT
实训内容	(1) 基地现状调查：现场勘查测绘，调查气候、地形、土壤、水系、植被、建筑、管线。 (2) 环境条件调查：与高校交流了解项目概况，明确设计要求与目标，包括景观特点、发展规划、质量状况、设施情况。 (3) 设计条件调查：基地绿地现状图，地下管线图，主要建筑平面图、立面图。 (4) 基地分析。 (5) 高校附属绿地总体规划设计：功能关系图、功能分析图、规划总平面图。 (6) 高校附属绿地局部详细设计：局部详细平、立、剖面图，透视图，鸟瞰图或效果图。 (7) 设计说明书、植物名录及材料统计、工程概预算。 (8) 制作文本、项目汇报PPT
实训成果	(1) 高校附属绿地功能分区图、总平面图、立面图、效果图、施工图。 (2) 设计说明书、植物名录及材料统计、工程概预算。 (3) 制作文本、项目汇报PPT
PPT汇报自评	

续表

小组互评	
教师总评	

2．评分标准

序号	考核内容	分值	得分
1	高校附属绿地功能分区图、总平面图	20	
2	高校附属绿地局部节点详图、剖立面图	20	
3	高校附属绿地植物种植图、硬质景观及铺装配置图	15	
4	高校附属绿地鸟瞰图或局部效果图	15	
5	高校附属绿地设计说明、植物名录及材料统计、工程概预算	10	
6	文本制作或展板设计(规范性、完整性、美观性)	10	
7	PPT汇报、项目介绍(考查表达能力、对高校附属绿地设计能力的掌握程度)	10	
总分		100	

附　　录

园林基本术语标准

为了科学地统一和规范园林基本术语及其定义，根据建设部〔1990〕建标字第407号文的要求，标准编制组广泛调查、参阅有关文史资料，认真总结、提炼，并在广泛征求意见的基础上，制定了本标准。

一、通用术语

园林学　landscape architecture，garden architecture　综合运用生物科学技术、工程技术和美学理论来保护和合理利用自然环境资源，协调环境与人类经济和社会发展，创造生态健全、景观优美、具有文化内涵和可持续发展的人居环境的科学和艺术。

园林　garden and park　在一定地域内运用工程技术和艺术手段，通过因地制宜地改造地形、整治水系、栽种植物、营造建筑和布置园路等方法创作而成的优美的游憩境域。

绿化　greening，planting　栽种植物以改善环境的活动。

城市绿化　urban greening，urban planting　栽种植物以改善城市环境的活动。

城中绿地　urban green space　以植被为主要存在形态，用于改善城市生态，保护环境，为居民提供游憩场地和美化城市的一种城市用地。

二、城市绿地系统

1．城市绿地

公园绿地　public park　向公众开放，以游憩为主要功能，兼具生态、美化、防灾等作用的城市绿地。

公园　park　供公众游览、观赏、休憩、开展户外科普、文体及健身等活动，向全社会开放，有较完善的设施及良好生态环境的城市绿地。

儿童公园　children park　单独设置，为少年儿童提供游戏及开展科普、文化活动的公园。

动物园　zoo　在人工饲养条件下，移地保护野生动物，供观赏、普及科学知识、进行科学研究和动物繁育，并具有良好设施的绿地。

植物园 botanical garden 进行植物科学研究和引种驯化，并供观赏、游憩及开展科普活动的绿地。

墓园 cemetery garden 园林化的墓地。

盆景园 penjing garden，miniature landscape 以盆景展示为主要内容的专类公园。

盲人公园 park for the blind 以盲人为主要服务对象，配备以安全的设施，可以进行触觉感知、听觉感知和嗅觉感知等活动的公园。

花园 garden 以植物观赏为主要功能的小型绿地。可独立设园，也可附属于宅院、建筑物或公园内。

历史名园 historical garden and park 历史悠久、知名度高，体现传统造园艺术并被审定为文物保护单位的园林。

风景名胜公园 famous scenic park 位于城市建设用地范围内，以文物古迹、风景名胜点(区)为主形成的具有城市公园功能的绿地。

纪念公园 memorial park 以纪念历史事件、缅怀名人和革命烈士为主题的公园。

街旁绿地 roadside green space 位于城市道路用地之外，相对独立成片的绿地。

带状公园 linear park 沿城市道路、城墙、水系等，有一定游憩设施的狭长形绿地。

专类公园 theme park 具有特定内容或形式，有一定游憩设施的公园。

岩石园 rock garden 模拟自然界岩石及岩生植物的景观，附属于公园内或独立设置的专类公园。

社区公园 community park 为一定居住用地范围内的居民服务，具有一定活动内容和设施的集中绿地。

生产绿地 productive plantation area 为城市绿化提供苗木、花草、种子的苗圃、花圃、草圃等圃地。

防护绿地 green buffer，green area for environmental protection 城市中具有卫生、隔离和安全防护功能的绿化用地。

附属绿地 attached green space 城市建设用地中除绿地之外各类用地中的附属绿化用地。

居住绿地 green space attached to housing estate，residential green space 城市居住用地内除社区公园之外的绿地。

道路绿地 green space attached to urban road and square 城市道路广场用地内的绿地。

屋顶花园 roof garden 在建筑物屋顶上建造的花园。

立体绿化 vertical planting 利用除地面资源以外的其他空间资源进行绿化的方式。

风景林地 scenic forest land 具有一定景观价值，对城市整体风貌和环境起改善作用，但尚没有完善的游览、休息、娱乐等设施的林地。

2. 城市绿地系统规划

城市绿地系统 urban green space system 由城市中各种类型和规模的绿化用地组成的整体。

城市绿地系统规划 urban green space system planning 对各种城市绿地进行定性、定位、定量的统筹安排，形成具有合理结构的绿色空间系统，以实现绿地所具有的生态保护、游憩休闲和社会文化等功能的活动。

绿化覆盖面积 green coverage 城市中所有植物的垂直投影面积。

绿化覆盖率 percentage of greenery coverage 一定城市用地范围内，植物的垂直投影面积占该用地总面积的百分比。

绿地率 greening rate，ratio of green space 一定城市用地范围内，各类绿化用地总面积占该城市用地面积的百分比。

绿带 green belt 在城市组团之间、城市周围或相邻城市之间设置的用以控制城市扩展的绿色开敞空间。

楔形绿地 green wedge 从城市外围嵌入城市内部的绿地，因反映在城市总平面图上呈楔形而得名。

城市绿线 boundary line of urban green space 在城市规划建设中确定的各种城市绿地的边界线。

三、园林规划与设计

1. 园林史

园林史 landscape history，garden history 园林及其相关因素发生、发展和演变的历史。

古典园林 classical garden 对古代园林和具有典型古代园林风格的园林作品的统称。

囿 hunting park 中国古代供帝王贵族进行狩猎、游乐的一种园林类型。

苑 imperial park 在囿的基础上发展起来的，建有宫室和别墅，供帝王居住、游乐、宴饮的一种园林类型。

皇家园林 royal garden 古代皇帝或皇室享用的，以游乐、狩猎、休闲为主，兼有治政、居住等功能的园林。

私家园林　private garden 古代官僚、文人、地主、富商所拥有的私人宅园。

寺庙园林　monastery garden 指寺庙、宫观和祠院等宗教建筑的附属花园。

2. 园林艺术

园林艺术　garden art 在园林创作中，通过审美创造活动再现自然和表达情感的一种艺术形式。

相地　site investigation 泛指对园址场地条件的勘察、体察、分析和利用。

造景　landscaping 使环境具有观赏价值或更高观赏价值的活动。

借景　borrowed scenery，view borrowing 对景观自身条件加以利用，或借用外部景观从而完善园林自身的方法。

园林意境　poetic imagery of garden 通过园林的形象所反映的情感，使游赏者触景生情，产生情景交融的一种艺术境界。

透景线　perspective line在树木或其他物体中间保留的可透视远方景物的空间。

盆景　miniature landscape，penjing 呈现于盆器中的风景或园林花木景观的艺术缩制品。

插花　flower arrangement 以植物为主要材料，经过艺术加工而成的作品。

季相　seasonal appearance of plant 植物在不同季节表现出的外观。

3. 规划设计

园林规划　garden planning， landscaping planning 综合确定、安排园林建设项目的性质、规模、发展方向、主要内容、基础设施、空间综合布局、建设分期和投资估算的活动。

园林布局　garden layout 确定园林各种构成要素的位置和相互之间关系的活动。

园林设计　garden design 使园林的空间造型满足游人对其功能和审美要求的相关活动。

公园最大游人量　maximum visitors capacity in park 在游览旺季的日高峰小时内同时在公园中游览活动的总人数。

地形设计　topographical design 对原有地形、地貌进行工程结构和艺术造型的改造设计。

园路设计　garden path design 确定园林中道路的位置、线形、高程、结构和铺装形式的设计活动。

种植设计　planting design 按植物生态习性和园林规划设计的要求，合理配置各种植物，以发挥它们的园林功能和观赏特性的设计活动。

孤植　specimen planting，isolated planting 单株树木栽植的配植方式。

对植　opposite planting，coupled planting 两株树木在一定轴线关系下相对应的配植方式。

列植　linear planting 沿直线或曲线以等距离或按一定的变化规律而进行的植物种植方式。

群植　group planting，mass planting 由多株树木成丛、成群的配植方式。

4. 园林植物

园林植物　landscape plant 适于园林中栽种的植物。

观赏植物　ornamental plant 具有观赏价值，在园林中供游人欣赏的植物。

古树名木　historical tree and famous wood species 古树泛指树龄在百年以上的树木；名木泛指珍贵、稀有或具有历史、科学、文化价值以及有重要纪念意义的树木，也指历史和现代名人种植的树木，或具有历史事件、传说及神话故事的树木。

地被植物　ground cover plant 株丛密集、低矮，用于覆盖地面的植物。

攀缘植物　climbing plant，climber 以某种方式攀附于其他物体上生长，主干茎不能直立的植物。

温室植物　greenhouse plant 在当地温室或保护地条件下才能正常生长的植物。

花卉　flowering plant 具有观赏价值的草本植物、花灌木、开花乔木以及盆景类植物。

行道树　avenue tree，street tree 沿道路或公路旁种植的乔木。

草坪　lawn 草本植物经人工种植或改造后形成的具有观赏效果，并能供人适度活动的坪状草地。

绿篱　hedge 成行密植，作造型修剪而形成的植物墙。

花篱　flower hedge 用开花植物栽植、修剪而成的一种绿篱。

花境　flower border 多种花卉交错混合栽植，沿道路形成的花带。

人工植物群落　man-made planting habitat 模仿自然植物群落栽植的、具有合理空间结构的植物群体。

5. 园林建筑

园林建筑　garden building 园林中供人游览、观赏、休憩并构成景观的建筑物或构筑物的统称。

园林小品　small garden ornaments 园林中供休息、装饰、景观照明、展示和为园林管理及方便游人之用的小型设施。

园廊　veranda，gallery，colonnade 园林中屋檐下的过道以及独立有顶的过道。

水榭　waterside pavilion 供游人休息、观赏风景的临水园林建筑。

舫 boat house 供游玩宴饮、观景之用的仿船造型的园林建筑。

园亭 garden pavilion，pavilion 供游人休息、观景或构成景观的开敞或半开敞的小型园林建筑。

园台 platform 利用地形或在地面上垒土、筑石成台形，顶部平整，一般在台上建屋宇房舍或仅有围栏，供游人登高览胜的园林构筑物。

月洞门 moon gate 开在园墙上，形状多样的门洞。

花架 pergola，trellis 可攀爬植物，并提供游人遮阴、游憩和观景之用的棚架或格子架。

园林楹联 couplet written on scroll，couplet on pillar 悬挂或张贴在园林建筑壁柱上的联语。

园林匾额 biane in garden 挂在厅堂或亭榭等园林建筑上的题字横牌。

四、园林工程

园林工程 garden engineering 园林中除建筑工程以外的室外工程。

绿化工程 plant engineering 有关植物种植的工程。

大树移植 big tree transplanting 将胸径在20cm以上的落叶乔木和胸径在15cm以上的常绿乔木移栽到异地的活动。

假植 heeling in，temporary planting 苗木不能及时栽植时，将苗木根系用湿润土壤做临时性填埋的绿化工程措施。

基础种植 foundation planting 用灌木或花卉在建筑物或构筑物的基础周围进行绿化、美化栽植。

种植成活率 ratio of living tree 种植植物的成活数量与种植植物总量的百分比。

适地适树 planting acoording to the environment 因立地条件和小气候而选择相适应的植物种进行的绿化。

造型修剪 topiary 将乔木或灌木做修剪造型的一种技艺。

园艺 horticulture 指蔬菜、果树、观赏植物等的栽培、繁育技术和生产管理方法。

假山 rockwork，artificial hill 园林中以造景或登高览胜为目的，用土、石等材料人工构筑的模仿自然山景的构筑物。

置石 stone arrangement，stone layout 以石材或仿石材料布置成自然露岩景观的造景手法。

掇山 piled stone hill， hill making 用自然山石掇叠成假山。

塑山 man-made rockwork 用艺术手法将人工材料塑造成假山。

园林理水 water system layout in garden 造园中的水景处理。

驳岸 revetment in garden 保护园林水体岸边的工程设施。

喷泉 fountain 经加压后形成的喷涌水流。

五、风景名胜区

风景名胜区 landscape and famous scenery 指风景名胜资源集中、环境优美、具有一定规模和游览条件，可供人们游览欣赏、休憩娱乐或进行科学文化活动的地域。

国家重点风景名胜区 national park of China 经国务院审定公布的风景名胜区。

风景名胜区规划 landscape and famous scenery planning 保护培育、开发利用和经营管理风景名胜区，并发挥其多种功能作用的统筹部署和具体安排。

风景名胜 famous scenery， famous scenic site 著名的自然或人文景点、景区和风景区域。

风景资源 scenery resource 能引起审美与欣赏活动，可以作为风景游览对象和风景开发利用的事物的总称。

景物 view， feature 具有独立欣赏价值的风景素材的个体。

景点 feature spot， view spot 由若干相互关联的景物所构成、具有相对独立性和完整性，并具有审美特征的基本境域单元。

景区 scenic zone 根据风景资源类型、景观特征或游人观赏需求而将风景区划分成的一定用地范围。

景观 landscape， scenery 可引起良好视觉感受的某种景象。

游览线 touring route 为游人安排的游览、欣赏风景的路线。

环境容量 environmental capacity 在一定的时间和空间范围内所能容纳的合理的游人数量。

国家公园 national park 国家为合理地保护和利用自然、文化遗产而设立的大规模的保护区域。

参考文献

[1] 诺曼・K.布恩. 风景园林设计要素[M]. 曹礼昆，曹德,译. 北京：中国林业出版社，1999.

[2] 弗瑞德・A.斯迪特. 生态设计——建筑・景观・室内・区域可持续设计与规划[M]. 汪芳，吴冬青，等，译. 北京：中国建筑工业出版社，2008.

[3] 摩尔海德. 景园建筑[M].刘丛红，译. 天津：天津大学出版社，2001.

[4] 胡长龙. 园林植物景观规划与设计[M]. 北京：机械工业出版社，2010.

[5] 胡长龙. 城市园林绿化设计[M]. 上海：上海科学技术出版社，2003.

[6] 王晓俊. 风景园林设计(增订本) [M]. 南京：江苏科学技术出版社，2000.

[7] 刘波，叶瑜. 园林景观设计与标书制作[M]. 武汉：武汉理工大学出版社，2007.

[8] 刘福智. 园林景观规划与设计[M]. 北京：机械工业出版社，2007.

[9] 张纵. 园林与庭院设计[M]. 北京：机械工业出版社，2004.

[10] 成海钟. 园林设计与观赏植物[M]. 北京：中国农业出版社，1999.

[11] 刘滨谊. 现代景观规划设计[M]. 南京：东南大学出版社，2005.

[12] 吴昊. 环境艺术设计[M]. 长沙：湖南美术出版社，2005.

[13] 俞孔坚. 景观、文化、生态与感知[M]. 北京：科学出版社，1998.

[14] 尚磊，杨珺. 景观规划设计方法与程序[M]. 北京：中国水利水电出版社，2007.

[15] 孙明. 城市园林——园林设计类型与方法[M]. 天津：天津大学出版社，2007.

[16] 刘燕新. 园林规划设计[M]. 北京：中国劳动社会保障出版社，2009.

[17] 林家阳. 园林设计与实训[M]. 上海：东方出版中心，2009.

[18] 胡长龙. 现代庭园与室内绿化[M]. 上海：上海科学技术出版社，1997.

[19] 冯炜，李开然. 现代景观设计教程[M]. 杭州：中国美术学院出版社，2002.

[20] 王向荣，林菁，蒙小英. 北欧国家的现代景观[M]. 北京：国家建筑工业出版社，2007.

[21] 马建武. 园林绿地规划[M]. 北京：中国建筑工业出版社，2007.

[22] 崔文波. 城市公园恢复改造实践[M]. 北京：中国电力出版社，2008.

[23] 中国城市规划学会. 城市环境绿化与广场设计[M]. 北京：中国建筑工业出版社，2003.

[24] 曹瑞星. 景观设计[M]. 北京：高等教育出版社，2003.

[25] 吕正华，马青. 街道环境景观设计[M]. 沈阳：辽宁科学技术出版社，2000.

[26] 杨北帆，张斌. 景园设计[M]. 天津：天津大学出版社，2002.

[27] 胡桂林. 屋顶绿化造景探讨[J]. 江苏建筑，2011.